交互设计

——理论与方法

朱小杰◎著

中国纺织出版社有限公司

内 容 提 要

本书凝结了笔者在交互设计教学中的经验和理论研究成果，以及对业界实践的调研和总结。本书从设计的视角出发，思考计算机科学、心理学、社会学等多学科在交互设计中的角色，梳理了交互设计的理论框架，能帮助设计师、学生形成完整的人机交互视野，进而激发其对交互产品、设计流程、设计评估等方面的反思和创新。

图书在版编目（CIP）数据

交互设计：理论与方法 / 朱小杰著 .-- 北京：中国纺织出版社有限公司 , 2024. 3
　ISBN 978-7-5229-1519-7

Ⅰ. ①交… 　Ⅱ. ①朱… 　Ⅲ. ①人 – 机系统 – 系统设计
Ⅳ. ①TP11

中国国家版本馆 CIP 数据核字（2024）第 059401 号

责任编辑：张　宏　　责任校对：王蕙莹　　责任印制：储志伟

中国纺织出版社有限公司出版发行
地址：北京市朝阳区百子湾东里 A407 号楼　邮政编码：100124
销售电话：010—67004422　传真：010—87155801
http://www.c-textilep.com
中国纺织出版社天猫旗舰店
官方微博 http://weibo.com/2119887771
北京虎彩文化传播有限公司印刷　各地新华书店经销
2024 年 3 月第 1 版第 1 次印刷
开本：787×1092　1/16　印张：11.5
字数：210 千字　定价：98.00 元

前言

　　交互设计是一门融合了设计学、心理学及计算机科学的交叉性、综合性专业。在数字时代，交互设计是帮助我们理解人与机器、人与人之间的相互关系的核心途径。一方面，它创新交互技术，提升工作的效率；另一方面，它优化界面流程，改善用户的体验。通过交互设计，我们不但可以充分增强数字产品的核心竞争力，帮助产品与用户形成更紧密、融洽的关系，还能探索未知，发现潜在的需求和可能，从而创造出引领性、前瞻性的产品和体验。

　　笔者从事交互设计专业教学已十年有余。在多年的教学中，我深刻认识到本专业内涵之丰富、发展之迅速，也不断反思自己的教学内容与方法。在之前的教学中，我们往往过于关注设计方法和流程，在一定程度上轻视了理论内容。尽管实践性的教学有助于学生掌握扎实的专业技能，但是理论和综合素养的弱化却无法为其就业后长远的发展提供足够的支撑。

　　基于此，笔者萌生了写此书的想法。我期待能够通过此书，帮助交互设计专业的同学和从业者，在学习交互设计实践和理论知识的同时，能够提升思维能力、创新意识和综合素养，建立更宏观、完整的专业视野，为进一步的深造和发展奠定基础。

　　本书的第一章将带领读者进入交互设计的世界。从交互设计的定义和范畴开始，探索其与用户体验、人机交互等概念的关系。我们将介绍交互设计的发展历程和重要里程碑，帮助读者对交互设计形成框架式的理解。

　　第二章聚焦于用户研究。了解用户需求、行为和期望是交互设计的基石。我们将介绍不同的用户研究方法和技术，如用户访谈、焦点小组、卡片分类等，帮助读者了解如何有效地了解用户，为他们设计出更好的交互体验。

　　第三、第四章探讨交互设计的流程。从建立同理心开始，到发现用户的需求和痛点，再到形成产品概念并最终设计产品原型。本部分是交互设计流程的核心内容，会讲授诸如角色、用户旅程图、流程图、框架图等方法的执行方法和技巧。

交互设计的发展迅速，尤其是近年来人工智能的爆发又对本领域带来了更多的机遇和挑战。鉴于作者能力和水平有限，书中不足和疏漏之处在所难免，恳请读者不吝指正。

最后，感谢所有支持和参与本书创作的人。感谢我的家人和朋友们对我坚持写作的支持和理解。感谢我的研究生王瑞雪、林小青、宋子悦、马丽明、耿子焯、刘秀荣、仇颖、刘新鹏、苏雪妍、冯雪等，在文献整理、插图绘制等工作中做出的巨大努力。感谢我的编辑和出版团队的辛勤付出。感谢山东工艺美术学院学术著作出版基金的支持。

朱小杰

2023 年 12 月

目录

第一章

绪　论

第一节　人机交互

　　人机交互（Human-Computer Interaction, HCI）是一个研究和实践领域，出现于20世纪80年代，最初是计算机科学与认知科学和人因工程交叉的专业领域。人机交互在过去40年里迅速而稳定地发展，吸引了许多其他学科的专业人士，并融合了不同的概念和方法，如以用户为中心的系统设计（User-Centered Systems Design，UCSD）、用户体验（User Experience, UX）、以用户为中心的设计（User-Centered Design, UCD）、交互设计（Interaction Design，IXD）等。在相当大的程度上，人机交互现在成了以人为中心的信息学的研究和实践领域。在人机交互的发展过程中，对科学和实践的不同概念和方法的持续综合已经表明，不同的认识论和范式可以在一个充满活力和富有成效的领域中协调和整合。

一、人机交互的起源

　　20世纪60年代，计算机硬件及技术的革新给个人计算机及个人软件（如文本编辑器、电子表格和计算机游戏）的普及带来可能。但新应用程序需要更大规模和更复杂的软件系统，加剧了软件开发的问题，如成本超支、延迟交付及难以维护等，这被称为"软件危机"。软件危机导致了软件工程作为一门专业学科的出现，让设计和开发成为计算领域的核心话题。早期的方法强调将需求和规格用结构化的形式进行分解和呈现，还倡导使用所谓"瀑布"式的阶段化开发流程。这是人机交互走向更正式的设计方法的开端。

　　然而，在系统设计和开发实践过程中，人们逐渐发现"瀑布"式开发流程的问题。一个典型的案例是佛瑞德·布鲁克斯（Frederick P. Brooks, Jr.）在主持 IBM 360 操作系统开发时观察到，一些关键的需求经常在系统开发过程中逐渐显现出来，根本无法事先预料到，这些频繁出现的需求导致了开发时间的不断顺延。这个教训继续激发了人们对设计方法的研究。人们认识到机会主义的设计方法需要被迭代，开始尝试使用原型来评估和发现进一步的需求。通过提供快速构建、评估和更改部分解决方案的技术，原型设计成为系统开发的支点。

20 世纪 70 年代，包含了认知心理学、人工智能、语言学、认知人类学和思想哲学的认知科学逐渐成型。认知科学发展是由工程和设计领域促进的。科学家将人—机器—环境组成的系统作为研究对象，通过对人为因素，如生理、心理等方面的研究，提升生产效率、评估航空安全、优化航天器界面。就在个人计算领域提出人机交互的实际需求时，认知科学提供了专家、概念、技能，以及通过科学和工程的综合来解决这些需求的愿景。

20 世纪 80 年代，个人计算机出现，普通消费者也可以使用到诸如文字处理、表格、游戏等复杂的系统，计算机不再仅仅是为专家构建的专业计算工具，对经验不足的用户来说，容易而高效的系统变得越来越重要。1981 年施乐公司在研究个人电脑 Star（图 1-1）的时候就假设，计算机只是用户完成工作所使用的工具，用户只关心他们的工作，对计算机本身不感兴趣，因此，重要的设计目标是让计算机尽可能不被用户所关注。用户应该能够专注于他们的工作，忽略软件、操作系统、应用程序等概念。他们还假设，用户只是偶尔地使用计算机去完成某个工作，而不是把大部分的时间花在计算机上，所以他们要让 Star 变得容易学习和记忆。

图 1-1 Xerox Star 8010

计算机科学的所有这些发展线索都指向了相同的结论：计算的前进方向需要理解并更好地赋予用户权力。这些多样化的需求和机会力量在 1980 年左右汇聚在一起，集中了巨大的能量，并创造了一个跨学科项目：人机交互。

二、人机交互的发展

人机交互最初并且一直坚持的焦点是"可用性"，这个概念最早被表述为"易学、易用"（easy to learn，easy to use）。这个简明易懂的概念让人机交互在计算机领域中有了一个前卫而显眼的身份，使其更广泛、更有效地影响了计算机科学技术的发展。在人机交互领域内部，可用性的内涵变得越来越丰富，逐渐纳入了像"乐趣""健康""美观""创造性"等内容，并且正在继续延伸。

虽然人机交互最初的学术基地是计算机科学，但该领域不断多样化，迅速扩展到包括可视化、信息系统、协作系统、系统开发流程和许多设计领域。人机交互在不同的高校中可能会侧重讲授信息技术、心理学、设计、认知科学、信息科学、地理科学、管理信息系统，以及工业、制造和系统工程等不同科目。人机交互的研究和实践正在利用并整合了所有这些观点。

这种增长的一个结果是，把人机交互视为计算机科学的一个专业已经不再有意义了，人机交互已经发展得比计算机科学本身更广泛、更多样化。人机交互从最初对个人和一般用户行为的关注扩展到包括社会和组织计算、老年人、认知和身体受损者及所有人的可访问性，以及尽可能广泛的人类体验和活动。它从桌面办公应用程序扩展到包括游戏、学习和教育、商业、健康和医疗应用程序、应急规划和响应，以及支持协作和社区的系统。它从早期的图形用户界面扩展到包括无数的交互技术和设备、多模式交互，以及大量新兴和无处不在的、手持的和情境感知的交互。

20世纪80年代，人机交互基本由认知科学和用户界面两方面组成，但是现在人机交互的核心概念和技能格局已经有了相当大的变化。人机交互专业可以为很多不同领域培养人才，如用户体验设计人员、交互设计人员、用户界面设计人员、应用程序设计人员、可用性工程师、用户界面开发人员、应用程序开发人员等。事实上，人机交互的很多子领域本身也具有很强的多元性。例如，普适计算（ubiquitous computing，ubicomp）是人机交互的子领域，但它也是一个集成了几个可区分子领域的高级领域，如移动计算、地理空间信息系统、车载系统、社区信息学、分布式系统、手持设备、可穿戴设备、环境智能、传感器网络、可用性评估、编程工具和技术以及应用程序基础设施的专业领域。

人机交互起源于和桌面相关的个人生产力工具（如文字处理和电子表格）的交互。20世纪80年代早期最重要的设计理念之一就是桌面隐喻：文档和文件夹以图标的形式分散在显示屏上，就像办公桌上的文件一样。这种设计使得人们快速地学会双击、拖动及删除文件，就像在物理桌面上做的事情一样。相对于传统的通过命令行的形式，图形化的界面极大提升了人们的使用体验。如今，桌面隐喻已经成为计算机交互界面的主流范式。

随着人机交互的发展，它正在从三种不同的角度逐渐拓展桌面的形式。第一个角度是桌面在信息承载的数量和效率上是有限的。当桌面上呈现的图标过多的时候，就会显得杂乱，也无法容纳比桌面限定更多的内容。在 20 世纪 90 年代中期，人机交互专业人士认识到，搜索要比在视觉界面中的寻找更有效率。当万维网页出现时，不仅放弃了桌面隐喻的概念，甚至在很大程度上也放弃了图形界面。

第二个角度是互联网的影响。从 20 世纪 80 年代中期开始，电子邮件成为人机交互最重要的应用程序之一，电子邮件使计算机和网络进入了通信渠道；人们不是为了与电脑互动，而是通过电脑与他人互动。支持协作的工具和应用程序包括即时消息、维基百科、博客、在线论坛、社交网络、社交书签服务、媒体和其他协作工作空间，以及各种各样的在线组和社区。集体活动的新范式和机制已经出现，包括在线拍卖、声誉系统和众包等。这个领域，现在通常被称为社会计算，是人机交互发展最迅速的领域之一。

第三个角度是计算设备的多样化。20 世纪 80 年代初开始出现的笔记本电脑和 80 年代中期开始出现的手持设备是超越桌面电脑的开始。到了今天，汽车、家用电器、家具、服装等都已逐渐接入计算环境，交互界面从视觉界面拓展到听觉、触觉等类型。

人机交互的焦点已经超越了桌面，并且正在持续地变迁中。人机交互的特殊价值和贡献在于，它会探索、发展和利用新的可能性的领域，增强人类活动和体验的手段。

三、人机交互的理论和模型

作为应用科学，人机交互的最初愿景是将认知科学方法和理论应用于软件开发，希望认知科学理论能够在软件开发过程的早期阶段提供实质性指导，在此基础上开发人机交互领域的理论或模型。人机交互在一定程度上充当了各种理论的实验室和孵化器。一个突出的示例是用于分析常规人机交互的目标、操作符、方法和选择的规则模型（GOMS，Card、Moran 和 Newell，1983）。GOMS 是对先前人为因素建模的一个进展，它虽然没有解决行为背后的认知结构，但已经是当时认知心理学的一个进步。GOMS 模型为科学和理论的严谨性和创新性设定了标准，这成为人机交互的一个决定性特征。

随着交互类型不断的多样化，人机交互理论也不断地扩展。例如，知觉理论被用来解释如何在图形显示中识别对象，心理模型理论被用来解释概念（如桌面隐喻）在塑造交互中的作用，主动用户理论的发展是为了解释用户如何以及为什么学习和理解交互。这些理论阐述既是科学的进步，也为更好的工具和设计实践打好了基础。

在过去的 30 年里，出现了一系列的理论范式以解决人机交互研究、设计和产品开发的需求。后继的理论既挑战又丰富了先前的概念，这些理论相互关联，在今天仍被普遍使用。将描述性和解释性的科学目标与规范性和建设性的设计目标相结合，或者至少更好地协调这些目标，是人机交互理论研究面临的挑战。如图 1-2 所示的施乐 Star 电脑界面，这是最早应用桌面隐喻的图形化用户界面。

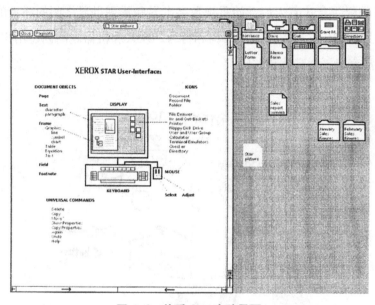

图 1-2　施乐 Star 电脑界面

第二节　交互设计

一、交互设计的概念

比尔·莫格里奇（Bill Moggridge）在《关键设计报告》一书中回忆道："我觉得有机会创建一门新的设计学科，致力于在虚拟世界中创造富有想象力和吸引力的解决方案，人们可以在其中设计行为、动画、声音和形状。这相当于工业设计，但在软件而非三维对象中。与工业设计一样，该学科将从使用产品或服务的人们的需求和愿望出发，努力创造既能带来审美愉悦，又能带来持久满足和享受的设计。"因为设计的对象包含软件（software）和用户界面（user-interface），比尔最初想以"Soft-face"来命名这个领域，但后来在比尔·佛普兰克（Bill Verplank）的帮助下，将这个名称定为交互设计（interaction design）。

比尔·佛普兰克认为"我如何做""我感觉如何"和"我如何知道"是交互设计师在设计交互过程中需要回答的三个重要问题，因为他们可以从用户的角度充分了解用户的行为、感受和反馈。图1-3所示为比尔·佛普兰克解释什么是交互设计的手绘稿。

交互设计的诞生意味着人们开始重视数字世界和物理世界之间的联系的研究。总的来说，交互设计通过定义交互系统的结构和行为，在人和机器之间创建用户友好的设计，帮助人们的生活变得更加高效和方便。

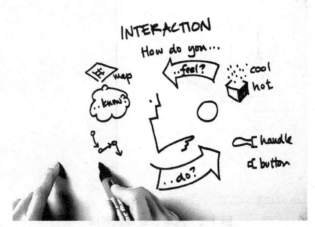

图 1-3 比尔·佛普兰克手绘稿

整体而言，交互设计重点要做如下事项。

（一）关注用户，发现需求

交互设计的关键是定义要开发的东西。要做到这一点，就需要对产品的用户有清晰的了解。尽管用户对于产品和自己的任务都有亲身的体验，但并不是所有人都能清楚自己到底想要什么。通过对用户体验和产品数据的收集和分析，交互设计师往往能够发现新的产品需求。

（二）提出概念，设计方案

概念设计是为产品生成概念模型。概念模型概述人们可以用产品做什么，还帮助用户理解如何与产品交互。方案设计要考虑产品的细节，包括要使用的颜色、声音、图像、菜单及图标的设计等。备选方案的设计要做到精雕细琢。

（三）构建原型，进行测试

交互设计包括设计交互式产品的行为及它们的外观和感觉。用户评估此类设计的最有效方式是与其进行交互，产生直接的体验，而这可以通过构建原型来实现。构建原型有很多种方法，并非都需要软件来生成。例如，在纸上进行原型构建快速而便宜，并且可以帮助设计师在设计的早期阶段有效地发现问题，而用户可以通过角色扮演来真实地体验与产品交互的感受。

（四）实施评估，迭代进化

评估是根据各种可用性和用户体验标准来确定产品或设计的可用性和可接受性的过程。通过评估并将结果反馈到进一步的设计中，使产品得以持续迭代进化。

随着以用户为中心的设计方法的沉淀和成熟，逐渐被拓展应用到其他领域，交互设计也被赋予了新的含义。近年来，交互设计的方法还被应用到社会性的产品或服务当中，从人与设备拓展到人与人、人与环境等沟通的设计，即服务设计或者社会设计等。

二、相关的核心概念

（一）用户为中心的设计

用户为中心的设计和开发方法的起源实际上可以追溯到美国工业设计的开始。从20世纪40年代和50年代开始，被认为是美国工业设计之父的亨利·德雷夫斯（Henry Dreyfuss）实行了一种设计方法，明确地将研究人们的行为和态度作为设计成功产品的第一步。德雷夫斯创建了20世纪中期美国男性和女性身体的解剖图，以改进"从室内装饰到餐具"的一切事物的人体工程学设计。德雷夫斯认为，设计师需要考虑人们对物品的使用。产品与人之间的任何摩擦都证明设计的失败，而每当"人们变得更安全、更舒适、更渴望购买 —— 或者只是更快乐"时，设计就成功了，如图1-4所示。在接下来的40年里，德雷夫斯的例子激励了其他非常成功和有影响力的设计师（如 Robert Probst、Jay Doblin、Niels Different 和 William Stumpf 等）采用以用户为中心的研究和设计方法。从80年代中期开始，随着产品设计领域的个人和团体热切地接受了用户为中心的设计，他们的工作影响遍及整个行业。许多人开始出版、推广和实践基于对消费者行为、态度和价值观的研究和设计。

当实物产品变成计算机软件的时候，这些人体工程学的物理参数就失去了作用。人们越来越关注用户操作的质量，如使用产品或服务的人的意图、需求和态度。设计人员汲取了人类学、社会学和信息科学等领域的基础研究成果，如参与式设计的方法（participatory design）。用指定用户参与的方法设计的产品不仅可用性更高，也能获得不同利益相关者的更高认可。

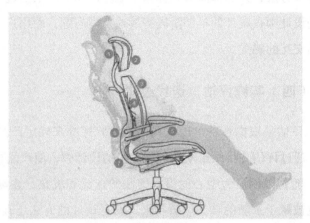

图 1-4　"Freedom"椅（尼尔斯·迪夫里恩特）

20 世纪 80 年代，个人计算机进入办公领域，程序和软件的一个重要标准是用户友好度。人们开始意识到，失败的设计往往是没有充分参考用户的能力、需求和欲望。因此，为用户设计及同用户一起设计显得越来越重要。人们开始使用原型（prototype）工具，帮助设计人员在产品开发之前快速测试、迭代以确保设计的可用性，这彻底改变了设计和开发流程。

（二）用户体验

用户体验是指一个人与特定设计发生交互时候的体验质量。用户体验最早用于人机交互领域，现在可以用来指代任何人 —— 设计交互的领域：从一部数字设备到销售流程或者一场会议等。用户体验没有固定的形式，在不同的组织中可能会由不同的部门负责 —— 可能是市场营销部门，也可能是信息技术部门。

最早应用"User Experience"的应该是 E.C. Edwards 和 D.J. Kasik 的《赛博图形终端的用户体验》一文。随后，在 19 世纪 70 年代后期和 80 年代早期，涌现出大量的"用户体验"

的案例，大都集中于人机交互领域尤其是在以用户为中心的设计领域。

用户体验被广为人知是因为唐·诺曼（Donald Arthur Norman）在苹果公司选择了自己的职位的名称：用户体验架构师。1993 年，诺曼是人机交互领域的带头人，这个不同寻常的职位名称提升了大众对用户体验的认知。到了 20 世纪 90 年代中期，很多公司都将用户体验作为产品的关键性差异化因素。随着 2000 年左右互联网的爆发，很多关于用户体验的专著面世，其中多数都专注于网页设计。

在 20 世纪 90 年代的发展过程中，用户体验因为另外两个词语 —— 用户为中心的设计和体验设计（Experience Design）的流行而受到混淆。随着时间的推移，用户为中心的设计更倾向于被描述为一种产品设计的流程，而体验设计则更多地被看作混合设计的学科，注重环境和多感官的设计，尤其是在数字显示和装置的环境中。

近年来，用户体验已超越了简单计算环境中的交互，成为线上或线下的产品及服务质量的修饰词。如今很多公司都有了独立的用户体验部门，用户体验本身的含义也越来越广。

（三）交互设计和其他学科的区别与交汇

交互设计和其他学科的区别与交汇如图 1-5 所示。

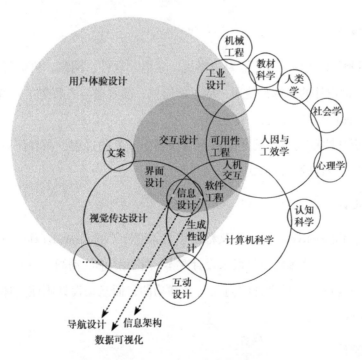

图 1-5　交互设计和其他学科的区别与交汇

1. 与用户体验设计

用户体验设计相对于交互设计所涵盖的范畴更广。用户体验设计包括一切与用户、产品、设计、信息相关的活动，是一个高度跨学科的领域，结合了工业设计、图形界面设计、互动设计、信息设计、可用性、心理学、人类学、建筑学、社会学、计算机科学、认知科学等领域的知识。

2. 与工业设计

工业设计是以工学、美学、经济学为基础对工业产品进行的设计。传统的工业产品通常指机械和电子产品，如烤面包机和剃须刀。现在不仅包括这些有形的产品，还包括软件、服务等无形的产品。

3. 与人机交互

人机交互更偏向于学术研究。它的关注点在于为人类提供互动式的计算系统，包含了设计、评估和搭建计算系统。人机交互不仅仅注重计算系统在性能方面的可用性，更注重用户的参与和表现。它从设计研究领域为提升人机系统的用户体验提供了重要的理论依据和技术支持。

4. 与界面设计

用户界面设计（UI Design）是为计算机、家电、软件、网站、机械等提供用户操作体验的设计。界面设计的目标是使用户尽可能简单、高效地与产品交互。当进行界面设计时，关注的是界面的构图、风格、配色等。

交互设计更加注重人与产品之间在行为层面上交互的过程，而界面设计则更加注重从静态上体现交互设计的表现形式。

5. 与互动设计

互动设计（Interactive Design）又称作多媒体设计（Multimedia Design）和视觉设计（Visual Design），它利用多媒体手段来设计文本、平面图形、动画、声音等内容。

交互设计注重体现产品设计的内在行为和功能，而互动设计则注重体现内容的外在表现形式。

6. 与信息设计

在信息设计（Information Design）中，信息介于知识和数据之间。从结构上梳理信息可以帮助设计师厘清思路，从内容上群组信息可以帮助设计师分清主次关系，从命名上定义信息可以帮助设计师明确概念，从图表上表达信息可以帮助设计师与用户沟通。

7. 与可用性工程

可用性工程（Usability Engineering）意味着评估产品设计和提出建议以提高产品的可用程度。它从用户的角度衡量产品设计是否有效、易学、安全、高效、好记和少错。评估界面设计的可用性和提出改进建议是可用性工程师的职责所在。

第三节　人机交互简史

一、20 世纪 40 年代

（一）ENIAC

埃尼亚克（ENIAC）是世界上第一台可重新编程的通用计算机。1943 年，受美国陆军资助，美国宾夕法尼亚大学开始设计建造，并于 1946 年建造完成并投入使用。ENIAC为美国陆军的弹道研究实验室（BRL）发起建造，但后来冯·诺依曼（John von Neumann）注意到了它，将其用于计算氢弹相关数据。

埃尼亚克用插板和开关编程，将全面、图灵完全的可编程能力与电子计算的高速性结合在一起。同时期的计算机如德国的 Z3、马克一号等计算机则是用打孔纸带输入和输出信息。这个时期工程师考虑的是如何让计算机更快、更强大，解决更复杂的问题，在易用性方面的设计投入很少。

（二）MEMEX

MEMEX 是万尼瓦尔·布什（Vannevar Bush）在 1945 年发布于《大西洋月刊》（*Alantic Monthly*）的文章"As We May Think"中描述的一种机械化的文件和图书馆，他称为"记忆扩展"。布什将 MEMEX 设想为使用机电控制、缩微胶卷相机和阅读器等技术的组合，所有这些都集成到一张大桌子中，使个人能够开发和阅读一个大型独立研究库，创建、跟踪链接和个人注释的关联轨迹，并随时回忆这些轨迹以与其他研究人员分享。布什的文章反映了 20 世纪早期先驱者的一些想法，即利用机器的力量将所有知识整合到一种"世界大脑"中。

MEMEX 的概念影响了早期超文本系统的发展，最终启发了万维网和个人知识库软件的创建。

二、20 世纪 50 年代

人类工效学（Ergonomics）

第二次世界大战结束后，一些军事领域中对人机系统效率的研究成果被用来解决非军事领域的工业与工程设计中的问题，如飞机、汽车、建筑、设备及生活用品等。1955 年，亨利·德雷夫斯等人创建了人类因素（human factors）这个新领域，主要关注为不同身高和身型的人设计合适的产品。研究者们的关注点从"人迁就机器"转变为"机器迁就人"。工业工程领域中逐渐形成了以人为中心的设计理念。

三、20 世纪 60 年代

（一）Sketchpad

伊万·萨瑟兰（Ivan Sutherland）于 1962 年在麻省理工学院发明了 Sketchpad。Sketchpad 是一种交互式实时计算机绘图软件系统，包含了无数重要的界面创意的种子。它是第一个图形化的用户界面，它允许设计师使用光笔直接在计算机阴极射线管（CRT）显示器上绘制和操作几何图形。那个时候 CRT 显示器本身就是新的事物，而能够在屏幕上直接绘图的想法更是革命性的。Sketchpad 也是第一个应用了平铺窗口的界面，它可以将屏幕分成两个部分，一个窗口可以显示另一个窗口中对象的特写。

（二）超文本

20 世纪 60 年代，受到万尼瓦尔·布什的 MEMEX 的启发，泰德·尼尔森（Ted Nelson）开始了他的"世外桃源"（Xanadu）项目，目标是创建一个具有简单用户界面的计算机网络系统。尽管该项目最终没有实现，但在该项目中首次尝试了超文本系统（Hypertext）。他还在随后几年的论著中，探讨了在文本和文本之间，而不仅仅是在页面和页面之间创建链接的形式，还主张建立全球性的电脑网络。

（三）鼠标

20 世纪 50—60 年代的计算机系统，基本都是通过光笔与屏幕交互。使用光笔的时候，用户必须从桌子上抬起手臂，时间长了会感到疲劳。1964 年，斯坦福研究所（Stanford Research Institute，SRI）的道格拉斯·恩格尔巴特（Douglas Engelbart）测试了从光笔到操纵杆的所有市售的指点设备，对它们都不满意。

他想起了读书时学过的"求积仪"的工具，这种工具利用两个轮子的滚动计算相应的距离。他认为如果将每个轮子都装上一个电位计来检测其旋转，就可以用作计算机设备上的指示工具。他将这个想法告诉了工程师 William English，后者在 SRI 车间的帮助下制造了第一只鼠标。

至于是谁将这个设备命名为"鼠标"的，道格拉斯说："没有人记得这件事，它拖着一条尾巴，就像老鼠一样，所以我们就这样叫它。"道格拉斯和第一只鼠标如图 1-6 所示。

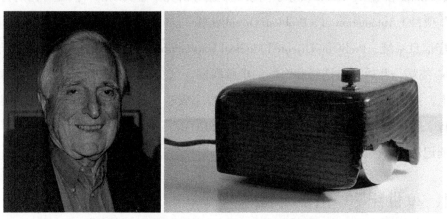

图 1-6　道格拉斯·恩格尔巴特（左图）及其发明的第一只鼠标（右图）

（四）NLS 演示

NLS（oN–Line System），是 20 世纪 60 年代开发的革命性计算机协作系统。 NLS 系统由道格拉斯·恩格尔巴特设计并由斯坦福研究所增强研究中心（Augmentation Research Center，ARC）的研究人员实施，是第一个实际使用超文本链接、鼠标、光栅扫描视频监视器 CRT、按相关性组织的信息、屏幕窗口、多人在线编辑和其他现代计算概念的系统。它由 ARPA、NASA 和美国空军资助。

1968 年，道格拉斯和同事在旧金山举行了产品演示会，这场演示被称作"演示之母"。

在 90 分钟的时间里，道格拉斯向现场 1000 多名计算机专业人士介绍了他们多年来的研究成果。在 90 分钟的时间里，恩格尔巴特还展示了各种令人难以置信的交互设计范式（我们现在已经习以为常），如点击鼠标、超链接、剪切和粘贴及网络协作等，这基本成为随后二十几年交互设计的主要内容。这次演示产生了巨大影响，催生了施乐 PALO Alto 的类似研究，也影响了苹果公司和微软公司的图形用户界面。

（五）达摩克利斯之剑

1968 年，伊万·萨瑟兰带领团队创建了名为达摩克利斯之剑（The Sword of Damocles）的设备，这被认为是第一个增强现实系统。这套系统悬挂在天花板上的机械臂上，通过连杆跟踪头部的运动，在立体显示器中显示计算机程序的内容。

（六）PROMIS

Jan Schultz 和 Larry Weed 领导了国家卫生服务研究中心资助的"问题导向的自动化医疗记录"项目（Automation of a Problem Oriented Medical Record），开发了 PROMIS（问题导向的医疗信息系统，Problem-Oriented Medical Information System）的原型。本系统采用了 Digiscribe 终端，并通过电话线和医院的电脑联网。系统中与任务相关的所有内容都显示在屏幕上，通过触摸屏，医护人员可以指点选择完成输入。选择过程中还可使用键盘输入撤销选择、终止当前命令、快速退出系统等。PROMIS 通过可视化的选项菜单，降低了对用户短期记忆的依赖，从而提升了使用效率。

四、20 世纪 70 年代

（一）施乐帕克研究中心

施乐帕克研究中心（Palo Alto Research Center，PARC）1970 年成立于美国加利福尼亚州帕洛阿尔托市，是施乐公司（Xerox）重要的研发部门。

1969 年，PARC 发明了激光打印机，可以打印任何可在计算机显示器上显示的内容。但施乐认为他们当时的技术运行良好，没有必要进行创新，直到 1977 年才推向市场。20世纪 70 年代 PARC 发明了个人电脑 Xerox Alto，但这台计算机太昂贵，无法向其设计服务的私人和小型企业用户推销。1981 年 Xerox Star 发布，它的鼠标驱动的图形用户界面（GUI）、内置以太网网络协议和可选的激光打印机等技术，远远领先于时代。PARC 的另一个早期突破是以太网。该网络标准由 Robert Metcalfe 提出并在 20 世纪 70 年代中期与英特尔公司和数字设备公司联合开发，提高了局域网（LAN）上数据交换的速度和可靠性。目前以太网在小型办公室和家庭中仍然普遍用于连接计算机和打印机。除此之外，PARC 还在非晶硅、激光技术、光存储技术、Internet 协议方面做出重大的贡献。PARC 有三位研究人员获得了图灵奖，多位员工成立了自己的公司，如 Adobe、3Com 等。

PARC 最重要的创新是关于"个人"计算机的想法，它不仅可以实时操作，而且可以真正地与人一对一地操作，允许人类和计算机之间的深度关系。PARC 的研究人员认识到，要真正有意义地改进计算机，需要做到三件事，即将计算能力放在个人手中，通过高性能显示器将信息直接传送到眼球上，并将计算机连接到高速网络上。Dourish 认为 Alto 的图形用户界面"信息分布在更大的屏幕区域，因此行动和注意力的中心可以在屏幕上从一个地方移动到另一个地方，甚至可以同时在多个地方（如在不同的窗口中）。管理信息的任务变成了管理空间的任务"，这标志着与计算机进行具体化交互的一种新形式，涉及认知能力，如"周边注意力""模式识别和空间推理""信息密度"和"视觉隐喻"，这些能力以前在人们与计算机交互时没有被利用过。

（二）Xerox Alto

Xerox Alto 于 1973 年在 PARC 创建。在随后的几十年里，Alto 对个人电脑的设计产生了重大影响，尤其是 Macintosh 和第一台 Sun 工作站。尽管它不是商业产品，但多年来，PARC、施乐的其他设施和著名大学已经建造并广泛使用了数千台设备。Alto 是第一个拥有所有当代图形用户界面组件（GUI）的系统，它首次使用了以太网的 LAN 技术，还是首台可见即所得的文字处理器。

Alto 的一种编程环境是 Smalltalk。Smalltalk 由艾伦·凯（Alan Curtis Kay，1940—）主导开发，开创了现代计算 WIMP（Window、Icon、Menu、Pointing device，即窗口、图标、菜单、指点设备）的人机交互模式。它包括层叠窗口、多个工作桌面和弹出菜单，这些窗口可以用鼠标移动和调整大小（最初版本的桌面中并不包含图标，施乐在后来的 Star 计算机中投入使用）。图形用户界面的发明具有革命性的意义。1976 年苹果公司推出的 Apple 1 微型计算机，只能显示 24 行 40 个大写字符，而其他大型机和小型机还主要依靠打孔卡、行式打印机、电传打字机和哑 CRT 终端。艾伦·凯改变了这一切。

苹果公司的创始人史蒂夫·乔布斯于 1979 年 12 月访问了施乐 PARC，参观了 Smalltalk–80 编程环境、网络，以及可见即所得的鼠标驱动的图形用户界面。乔布斯很快将图形用户界面集成到 Apple Lisa 中，后来又应用到 Macintosh 中。他还吸引了众多重要的 PARC 研究人员到苹果公司工作。苹果公司凭借 Lisa 和 Macintosh 继续开拓个人电脑市场并取得了巨大成功；相反，施乐则继续专注于推出大型机器，价格昂贵得令人望而却步。

（三）Bravo

Bravo 是第一个可见即所得（what you see is what you get ，WYSIWYG）的文字编辑器，1974 年由 PARC 的 Charles Simonyi 发明。Bravo 采用模态化编辑，窗口分成两部分，上方为命令区，下方为文档区。用鼠标标记位置或文字，在页面上方输入命令，进行编辑。Bravo 可实现文字的粗体、斜体等状态，还可以更换不同的字体。由于 Bravo 并未被施乐真正重视，Simonyi 后来离职去了微软，并领导开发了 Word。

五、20 世纪 80 年代

（一）Xerox Star

1981 年 4 月，施乐公司发布了 8010 Star 信息系统。Star 由处理器、显示器、键盘和鼠标组成，是为办公室中处理信息的商务专业人士而设计的。Star 是一个集文档创建、数据处理、电子归档、邮寄和打印于一体的多功能系统。这是一款与众不同的产品，它真正连接了文字处理和排版功能，它比之前的任何个人计算机的能力更广泛，它还向商业市场引入了人类工效学的全新概念。

Star 用户界面严格遵守一组设计原则。这些原则让系统看起来既熟悉又友好，简化了人机交互，统一了 Star 的二十多个功能界面，让用户在一个界面的体验能无缝延伸到其他界面。

大多数的系统设计都是从硬件开始，接着是确定软件功能，最后再尝试确定用户界面和指令架构。但是 Star 项目最关心的问题是制定一个关于用户如何和系统关联的概念模型。界面设计在 Star 产品系统设计过程中，早于系统功能的确定，也早于硬件建设的完成。

经过大约 3 年的设计和讨论，Star 的设计人员决定引入办公室的隐喻使电子世界看起来更加熟悉，不那么陌生，并且只需要更少的培训便可学会使用。启动 Star 后，用户会首先看到桌面（Desktop），这象征着办公桌的桌面；桌面上有着一些图标（Icon），象征着办公室里的家具或设备；点击图标会展开一个窗口（Window），显示图标里的内容或功能。桌面被设计成独特的灰色纹理，这种平静的设计反衬桌面上的图标更加醒目。桌面被分成 14×11 个格子，图标在各个格子中居中显示。至此，WIMP 的用户界面初步定型，被 Apple Mac 和 Microsoft Windows 沿用至今。

（二）苹果丽莎

史蒂夫·乔布斯在参观施乐帕克研究中心后认识到图形用户界面的重要性及广阔的市场前景，便开始着手进行自己的图形用户界面系统研发工作。1983 年 1 月，苹果正式推出丽莎（Lisa，被认为是以乔布斯的女儿的名字命名）。Lisa 成为首台应用图形用户界面和鼠标的商用个人计算机。但是由于价格高达 9995 美元，丽莎并未获得市场的成功。

（三）Macintosh

20 世纪 80 年代初期，Apple Ⅱ 成为最受欢迎的个人电脑，借此苹果也成为美国历史上发展最快的公司。但 1981 年 11 月，IBM PC 开始杀入个人电脑的市场，成为苹果最强大的竞争对手。面对野心勃勃想要独吞市场的 IBM，苹果公司在 1984 年推出了 Macintosh。

1984 年 1 月 22 日，在超级杯比赛上播出了 1 分半钟的名为《1984》的广告。广告取材于乔治·奥威尔的著名小说《一九八四》，描写了一位田径运动员用铁锤砸碎巨大银幕上那个象征着 IBM 的"老大哥"。这个故作神秘的广告受到美国三大电视网和 50 多家地方电视台的轮番报道，取得了出人意料的营销效果，Macintosh 也正式登上历史舞台。

相对于 Lisa，Macintosh 同样具备图形用户界面、鼠标和键盘，但是价格却仅有 2500 美元，被教育系统和出版领域广泛使用，图形用户界面自此被大范围推广。

（四）Windows

和苹果公司一样，微软公司也意识到图形用户界面的重要，于 1985 年推出了基于 Intel×86 微处理芯片计算机上的图形用户界面操作系统 Windows 1.0。1990 年，微软推出了 Windows 3.0，取得了惊人的成功，开始了微软在操作系统上的垄断地位。

六、20 世纪 90 年代

（一）万维网

1990 年，欧洲粒子物理实验室（CERN）的蒂姆·伯纳斯 – 李（Tim Berners-Lee）在 NeXT 电脑上创造了包含服务器、HTML、URL、浏览器的万维网（World Wide Web）的原型。

万维网允许任何人发布超文本，能够让世界上的任何其他人访问，同时电子邮件也迅速普及，使得对交互设计的需求浮现出来。1993 年，伊利诺伊大学的马克·安德森（Mare Andressen）发表了 Mosaic 浏览器，Mosaic 是互联网历史上第一个获普遍使用和能够显示图片的网页浏览器。商业、公共互联网的出现改变了世界，改变了人和计算设备及信息之间的关系。

（二）牛顿

苹果公司通过"牛顿"（Newton）进入了手持电脑市场。1992 年，苹果公司总裁约翰·斯卡利（John Scully）将其称为"个人数据助理"（PDA）。牛顿采用了电阻式的触摸屏，对压力敏感，需要使用特定的笔或指尖进行操作。牛顿系列的市场表现一直不尽如人意，于 1998 年停产。到 20 世纪 90 年代末期，类似于 PalmPilot 和黑莓 PDA 这样的设备推动了行业前进。

七、21 世纪

（一）Nintendo Wii

任天堂的 Wii 游戏系统不仅引入了新的游戏和控制器，而且引入了与游戏系统互动的新方式。Wii 遥控器将先进的手势识别结合到游戏中，使用加速计和光学传感器技术与用户互动。这些进步使游戏能够纳入广泛的玩家身体动作。它在全球的销量已超过一亿台。

（二）iPhone

2007 年，苹果公司推出了 iPhone —— 网络浏览器、音乐播放器和手机的结合体。iPhone 可以从在线苹果商店中以"应用程序"（应用）的形式下载新的功能。这款智能手机采用电容式触摸屏，用户使用手指即可操作。触摸屏从此也成为移动设备上最重要的交互方式。

（三）Kinect

2009 年，微软发布了能够捕捉用户全身 3D 动作的 Kinect。基于这个功能，微软与软件开发商合作开发了系列体感游戏。搭配了 Kinect 的游戏主机 Xbox 360 成为"最畅销的消费电子设备"。

（四）Siri

2015 年 10 月，Siri 作为苹果 iPhone 4S 智能手机的一项内置功能被推出。作为一个语音激活的个人助理，Siri 可以"理解"自然语言请求，还可以通过学习用户的倾向和喜好来调整它从网上检索的信息。人工智能的深度学习算法逐渐变得成熟，语音输入法的识别率达到日常可用的程度，人们可以使用语音和设备进行交互。

（五）HTC Vive

于 2016 年首次发布，是虚拟现实（VR）领域的代表性产品之一。HTC Vive 的主要组成部分包括一个头戴式设备（Head-Mounted Display，HMD）、两个手柄控制器及基站（Lighthouse）定位系统。HTC Vive 提供高分辨率的显示屏和广阔的视野，使用户可以沉浸在逼真的虚拟现实世界中。这种沉浸感是通过头戴式设备与基站定位系统的结合来实现的，基站能够追踪用户的头部和手部运动，实现精确的位置跟踪。

（六）Microsoft Hololens

Hololens 是微软推出的混合现实智能眼镜，具备空间映射、手势识别、语音识别、注视命令、头部跟踪等功能，可实现混合现实的显示及操作，是多模态人机交互的典型案例。Hololens 被应用于游戏、军事训练、教学、医疗等领域。

第四节　产品开发流程

每个新产品，无论是软件还是物理产品，都遵循一组特定的步骤，从创意的第一个火花到最终产品发布的整个过程被称作产品开发流程。就软件开发来说，有瀑布式、螺旋式、敏捷式等不同的开发流程。正如我们在交互设计的起源部分所讲述的那样，20 世纪80 年代以后，人们意识到失败的设计往往是开发人员和他们的业务客户之间或和用户之间的沟通不畅导致的，开始将用户为中心的设计方法引入产品开发过程当中。用户为中心的方法使系统在开发过程中产生的问题更少，并且在其生命周期内具有更低的维护成本。它们更容易学习，产生更强的性能，大大减少用户错误。此外，以用户为中心的设计实践可帮助组织将系统功能与其业务需求和优先级保持一致。由于以用户为中心的设计只是整个开发过程的一部分，因此，这些方法还必须与当今工业中使用的各种产品开发流程相结合。

尽管因为商业环境、产品类型、团队大小等多种因素的不同，每个产品团队的开发流程并不完全一致，但总体来看，大致都可分成五个阶段：发现、定义、设计、测试和发布（图1-7）。随着产品在开发生命周期中的移动，团队可能需要在一个阶段花费比其他阶段更长的工作时间，或者根据反馈重复某些阶段。

图1-7 常见的产品开发流程

一、发现

在发现阶段中，我们要与用户共情，通过基础研究来深入地了解用户，并且根据客户需求、定价和市场研究，集思广益思考产品概念。在开始构思新产品概念时，应该考虑以下因素。

（1）目标市场：您的目标市场是一个消费者群体，这些消费者是您建构产品的对象。为了以用户为中心建构产品概念，在一开始就确定目标市场非常重要。

（2）用户研究：您应该针对目标用户展开研究，形成对用户的基本认知。

（3）现有产品：当您有一个新的产品概念时，评估现有的产品组合是很重要的。是否已经存在可以解决类似问题的现有产品？如果是的话，新的概念是否具有足够的差异以至于可行？回答这些问题可以确保您的新概念取得成功。

（4）功能：虽然您尚不需要产品功能的详细报告，但您应该大致了解它将提供哪些功能。请考量产品的外观和给人的感受，以及为什么有人会有兴趣购买它。

（5）SWOT 分析：在流程前期对产品的优势、劣势、机会和威胁进行分析，可以帮助您将新概念尽善尽美。这么做可以确保您的产品与竞争对手有所区别并填补市场缺口。

（6）头脑风暴法：为了完善您的想法，请使用头脑风暴方法，对您的产品概念进行替换、组合、调整、修改、重新使用、删除或重新排列。

（7）考虑这个例子：如果你正在设计一个新的应用程序来帮助在职父母和监护人，你的团队可能会通过列出在职父母和监护人面临的常见问题来开始头脑风暴阶段，如缺乏可靠的托儿服务、交通问题或管理困难时间表。您的团队可能会查看用户对其他类似产品的反馈或用户调查结果，以帮助指导您的想法。在您集思广益后，您的团队会选择一个问题并开始提出解决该问题的想法。

若要验证产品概念，请考虑以商业企划案的形式记录想法。借此，所有团队成员都能清楚了解产品的初始功能和新产品发布的目标。

二、定义

完成商业企划案并讨论您的目标市场和产品功能后，便是时候对产品进行定义了。这个步骤汇集了用户体验设计师、用户体验研究人员、项目经理和产品负责人进行范畴界定或概念开发，着重于产品策略的完善。目标是通过回答以下问题来确定产品的规格：产品是为谁准备的？产品会做什么？而且，产品需要包含哪些功能才能成功？这个阶段中需要定义产品的具体细节包括以下几个方面。

（1）需求和痛点：在本阶段应该通过聚类和分析，将用户研究的结果进行归纳整理，形成对用户需求和痛点的洞察，并以此为基础确定设计问题。

（2）业务分析：业务分析的内容包括制定发布策略、电子商务策略，以及更深入的竞争对手分析。此步骤的目的是要开始建立明确定义的产品蓝图。

（3）价值主张：价值主张代表产品要解决的问题。请考虑您的产品与市场上其他产品有什么不同之处。价值主张可在进行市场研究和制定营销策略时发挥用处。

（4）成功指标：尽早确定成功指标非常重要，以便您可以在产品推出后评估和衡量其成功与否。是否有任何关键指标是您需要关注的？这些指标可以是基本的 KPI（如平均订单金额）或者更具体的内容（如量身制定与您组织切身相关的目标）。

（5）营销策略：确定价值主张和成功指标后，请开始集思广益，制定符合您需求的营销策略。请考虑您想在哪些管道上推广您的产品，如社交媒体或博客文章。虽然营销策略可能需要根据最终的成品进行修改，但在定义产品时考虑这点可帮助您提前开始规划。

在定义阶段，您的团队会缩小您想法的重点。一种产品无法解决所有用户问题。还是以帮助在职父母的应用程序为例，您的想法应该侧重于帮助父母找到可靠的托儿服务，或者是管理他们的日程安排，而不是两者兼而有之。在这个阶段，用户体验设计师可能会帮助团队确定想法的重点，但产品负责人可能会定义项目范围。

三、设计

产品开发生命周期的第三个阶段是设计。在这个阶段，团队将制订更详细的业务计划并建构产品，以便进行深入的产品研究和记录。这些早期的原型可能简单如原始设计的绘制图，也可能实现初步的操作和交互，可帮助团队在开发产品以前识别可能存在的风险。除了对产品操作流程、架构、外观等内容的设计，本阶段还需要关注如下两个问题。

（1）市场风险研究：在实际做出产品之前分析与产品制作有关的任何潜在风险非常重要。这可以避免产品发布后出现问题。

（2）开发策略：接下来，您可以开始制订开发计划，也就是了解您将如何指派任务，以及这些任务的时间轴。

四、测试

在这个阶段，设计至少要经过三个测试阶段：公司的内部测试、利益相关者的审查及潜在用户的外部测试。利益相关者是您需要与之合作以完成项目的人或对项目有兴趣的任何人，无论是公司内部还是外部。运行这些测试通常是您团队中的用户体验研究人员的责任。

首先，团队在内部测试产品以寻找技术故障和可用性问题。这通常被称为 alpha 测试。

其次，产品经过利益相关者的测试，以确保产品符合公司的愿景，符合可访问性的法律准则，并遵守政府的法规等。

最后，还有一个针对潜在用户的外部测试。现在是确定产品是否提供良好用户体验的时候了，这意味着它是可用的、公平的、令人愉快的。这通常被称为 beta 测试。

在这个阶段收集和实施反馈是绝对关键的。如果用户对您的产品感到沮丧或困惑，用户体验设计师会进行调整，甚至创建新版本的设计。然后，再次测试设计，直到产品和用户之间几乎没有摩擦。

重要的是要指出产品开发生命周期不是一个完全线性的过程。在您准备好发布产品之前，您的团队可能会在设计和测试之间循环多次。

五、发布

到目前为止，您已经完成了开发的流程，并准备好生产或发布最终产品。

发布阶段是庆祝您的工作并开始推广产品的时候。您团队中的营销专业人员可能会在社交媒体上发布有关新产品的信息或发布新闻稿。客户支持团队可能会准备好帮助新用户了解产品的工作原理。

项目经理还会与跨职能团队会面，以反思整个产品开发生命周期并提出以下问题：哪些有效，哪些可以改进？目标实现了吗？是否符合时间表？为这种反思腾出时间非常重要，因为它可以帮助改进前进的过程。

对于实体产品，发布阶段可能是产品开发生命周期的结束。但对于数字产品，如应用程序或网站，向更广泛的受众推出产品提供了另一个改善用户体验的机会。新用户可能会发现产品功能或特性方面的问题，以改进以前没有人注意到的问题。因此，在发布阶段之后，团队通常会循环回到设计和测试阶段，开始着手开发数字产品的下一个版本。

IDEO 如何将用户为中心的方法贯彻到产品开发过程中

了解 IDEO 的项目经常是其团队完全不熟悉的领域，而交互设计对于客户来说又是一门不熟悉的学科。因此，在项目开始前通常会举办一个"启动"研讨会，在此期间，IDEO 描述设计过程，客户则提供他们的关注点和组织结构的洞察。理想情况下，此阶段有助于在客户和 IDEO 之间建立一种通用语言，并启动一个设计团队的开发，以连接两个组织。在此阶段，IDEO 团队收集有关竞争产品、客户专有技术及客户自己对它们带来的优势和劣势的理解的信息。额外的参考材料被收集和审查。咨询客户的营销和焦点小组数据。

观察。虽然客户经常提供对其客户需求的洞察，但 IDEO 发现通过对执行关键任务的关键用户的一些非正式观察来补充此信息非常宝贵。这些观察与焦点小组的不同之处在于，人们在他们熟悉的环境中被观察，做他们通常做的事情。观察到的人员和任务是经过精心挑选的，以涵盖设计问题的空间。使用照片和录像带记录观察结果。

可视化和预测。在这个阶段，在早期阶段收集的信息被综合和创造性地扩展，开始构想关键交互创意。经常使用创建角色和场景的技术。识别和描述代表被设计产品潜在用户的字符，每个都有一个名称和识别特征，并且可能类似于观察到的用户的混合物。为每个角色构建一个使用场景，描绘和预测最终产品的使用方式、使用环境及提供的功能。这些场景通常使用在观察阶段收集的图像来说明，并且由此产生的故事板用于头脑风暴。随着交互想法的出现 —— 它们出现的确切过程相当不可预测且无法记录 —— 它们在适合非正式评估的模拟中可视化。

评估和改进。上一阶段结束时生成的模拟可以在纸上执行，或者使用 Macromedia Director 或 Hyper Card 等工具在软件中执行。例如，一项用于遥控交互式电视系统的早期设计仅使用纸张进行了测试。当用户"按下"遥控器插图上的按钮时，他们会在纸上显示将产生的电视屏幕（测试人员迅速替换打印着屏幕的纸张）。在根据反馈改进设计的同时，测试策略也逐渐改进：最终使用了一个触摸屏和一个显示屏，触摸屏上显示的是遥控器的界面，点击遥控器的一个按钮的时候，另一个显示屏上呈现出相应的电视界面。

这个阶段和前一个阶段之间的界限通常是模糊的，设计通常在设计完成之前经过多次可视化和评估迭代。最终结果通常是设计师的直觉和用户评价的反馈的综合。

实施。交付给客户的最终成果可以采取多种形式。如果创建了详细设计，则会提供交互方法及其表示完整的规范。或者，可能会提供设计指南来描述决策框架。最终产品可以通过书面文档、原型和视频来传达。

第二章

第一节　用户

　　用户为中心的设计是交互设计行业普遍采用的设计方法。用户为中心的设计要求设计师将用户的需求置于设计和开发的中心，以用户的需求为出发点，以用户的评估为里程碑，将对用户的研究和理解作为产品设计和迭代的依据。

　　简单地说，用户是指使用某产品的人。用户这一概念包含了两层含义：第一，用户是人类的一部分。用户具有人类的共同特性，用户在使用任何产品时都会在各个方面反映出这些特性。人的行为不仅受到视觉和听觉等感知能力、分析和解决问题的能力、记忆力、对于刺激的反应能力等人类本身具有的基本能力的影响，同时，人的行为还时刻受到心理和性格取向、物理和文化环境、教育程度及以往经历等因素的制约。第二，用户是产品的使用者。以用户为中心的设计和评估研究的人是与产品使用相关的特殊群体。他们可能是产品的当前使用者，也可能是未来的，甚至是潜在的使用者。这些人在使用产品的过程中的行为也会与一些与产品有关的特征紧密相关。例如，对于目标产品的知识，期待利用目标产品所完成的功能，使用目标产品所需要的基本技能，未来使用目标产品的时间和频率等。因此，研究用户应当从用户的人类一般属性和与产品相关的特殊属性着手。

一、用户的特征

　　任何一个产品设计不可能也没有必要使每个人都完全满意。但是产品设计必须努力使产品的大多数用户达到相当的满意程度。要使产品的设计能够满足用户的要求，首先要能够清楚地认定谁是目标用户。某一产品的用户常常是一个具有某些共同特征的个体的总和。下面是一些常用的描述用户特征的方面。

（1）一般数据：年龄、性别、教育程度、职业。

（2）性格取向：内向型/外向型、形象思维型/逻辑思维型。

（3）一般能力：视力、听力等感知能力，判断和分析推理能力，体能。

（4）文化区别：地域、语言、民族习惯、生活习惯、喜厌、代沟。

（5）对产品相关知识的现有了解程度和经验：阅读和键盘输入熟练程度、类似功能的系统的使用经验、与系统功能相关的知识。

（6）与产品使用相关的用户特征：公司内部/外部使用、使用时间、频次。

（7）产品使用的环境和技术基础：网络速度，显示器分辨率及色彩显示能力；操作系统及软件版本，软、硬件设置。

二、用户的目标、需求和痛点

每到新年，许多人都会设定一些目标：吃得更健康、在课堂上更认真、做志愿者、多锻炼等。尽管很多目标并没有被坚持下去，但这些目标却是每个人生活、成长必不可少的内容。每一天，我们的行为都是无数目标的结果。有一些目标很伟大，比如打破世界纪录或成为第一个登陆火星的人；有一些目标也很平凡，如从超市买到食物，或按时上班。

产品设计过程中可以将目标分解为需求，也可以将收集到的需求汇总成整体的目标。需求相对目标要更具体、更清晰。比如，目标如果是"更好"，那么需求可能是"更快""更清晰"或者"更划算"。每个目标（What）都可以通过不同的解决方案（How）来实现，而能否满足用户的需求是解决方案重要的评判标准。

（一）目标

目标是对理想状态的认知表述，或者说，是用户对事情发展的心理想法。目标的这种期望的最终状态可以是明确的（例如，踏上火星的表面），也可以是更抽象的，代表一种永远不会完全完成的状态（例如，健康饮食）。然而，所有这些目标的基础是"动机"，或者说是使追求该目标的行动得以实现的心理驱动力。

动机可以来自两个地方。第一，它可以来自与追求目标的过程相关的利益（内在动机）。例如，如果你的目标是登陆火星，驱动你的动机可能是执行任务时充实的感觉。第二，动机也可以来自与实现目标相关的利益（外在动机）。例如，成为登陆火星第一人所带来的名利。

　　了解用户的目标和需求是设计过程的重要一环。用户目标如同透镜，设计者通过它来考虑产品的功能。产品的功能需要通过一系列任务来实现，通常所需的任务越少越好。

　　任何项目和产品都是以某些目标为基础的。与项目相关的人或部门对于目标的理解并不完全一致。从满足顾客需要的角度上讲，项目的目标可能包括设计用户需要的主要功能，力争使用户满意等。但是用户目标（user goals）并不是产品或系统设计目标的总和。产品的生产者往往有各个方面的商业目标（business goals），如盈利、推广自己的理念和品牌、提高知名度等。

　　有些商业目标与用户目标是互相促进、相辅相成的。例如，用户满意会提高产品的销量，从而带来更多的商业利润，而利润又可以被重新追加投资以提高产品性能和体验，这样一来也可以将用户满意度提高到一个新的水平。但是值得注意的是，有些满足商业目标的手段不仅不能促进用户目标的实现，有时甚至与用户目标相矛盾。例如，在网站上显示广告信息会为网站拥有者带来利益，但却会对用户体验造成伤害，甚至直接导致用户的流失。在这些情况下，设计者应当综合全面地权衡利弊，不可只顾一个方面而完全忽视另一方面。

（二）需求

　　2008 年冬天的一个晚上，特拉维斯·卡兰尼克和加勒特·坎普在巴黎参加了一场年度的科技会议，会议结束后他们俩却发现没有办法打到出租车。这个夜晚很糟糕，但是他们却萌生了这样的想法："如果你能从手机上打车会怎么样？"优步（Uber）的故事就这样开始了。通过优步应用，只需要点击一个按钮，就可以叫到车。无比简便的操作方式，使得该应用迅速普及，几乎要颠覆了全球的出租车市场的格局。

　　这个打车应用的概念回应了一个新发现的用户需求：方便、快速、经济地从一个地点到达另一个地点。

　　用户需求是一个人需要完成的事情，表达了人们的目标、价值观和愿望，它包含以下几方面内容。

　　（1）用户需要完成的任务（回家、订餐、幼儿教育等）。

　　（2）他们需要如何完成它们（快速、简单、轻松、即时等）。

　　（3）阻止用户完成任务的痛点（打不到的出租车、繁忙的工作日程、难以理解的用户界面等）。

　　（4）对所示问题的假设解决方案（打车移动应用程序、外卖送餐服务、在线教育计划等）。

用户需求是用户为中心设计在"发现阶段"的核心目标，它帮助我们理解我们的用户是谁，以及他们使用产品或服务的情况。通过用户需求，我们明确设计目标，以设计符合人们需求的产品。

（三）痛点

痛点是用户在完成目标或满足需求中遇到的问题、困扰、纠结等障碍。痛点会给用户带来额外的成本。比如，混乱的工作流程可能会让用户经常犯错，使其不得不采取额外的步骤来修复错误，产生交互成本；复杂的界面可能会让用户找不到目标信息，增加认知负荷；网络延迟等技术问题可能会让用户完成任务时需要长时间的等待，增加时间成本；视频等流媒体服务可能会消耗用户大量流量，给用户带来财务上的成本。

识别痛点有助于团队形成统一的目标，集中时间和资源，是设计的驱动力。但需要指出的是，并不是所有的痛点都具有成本效益。有些痛点的解决需要花费大量的时间和财务成本，所以需要产品和设计团队在用户体验和商业利益之间进行权衡，划分痛点的优先级，制定合理的产品路线。

一般来说，痛点可分为四个类型：财务、产品、流程和支持痛点。

1. 财务痛点

财务痛点是用户面临的与金钱有关的任何问题。用户都希望他们的钱花得值得，而盈利又是绝大多数产品或服务的终极目标，这之间的冲突就使用户产生了财务方面的痛点。

比如，在线视频网站大部分是通过贴片广告盈利，而这不可避免会打断用户流程，给用户体验带来影响；多数的软件都需要用户付费使用，但用户又往往希望能够以最实惠的价格获得类似的功能。

这个矛盾看起来是不可调和的，但也有一些方案能够对相关的体验进行优化，尽可能缓解财务痛点。比如，Youtube 的片前广告允许用户点击跳过，这既能给予用户自主控制的体验，降低广告的负面影响，同时还能够根据用户是否愿意观看完广告，获得广告的受众数据，可谓一举两得。如果付费确实无法避免，那么给用户列举出清晰的价格选项，透明地告知用户服务的价格，也可以给用户清晰、磊落的感受。此外，在制定价格的时候，做好详细的市场调研和用户研究，了解用户的付费意愿和支付能力，提供多种付费方案，甚至是提供试用版本或教育免费版本，也是必要的做法。总之，财务痛点的调和是非常具备挑战性的，也是产品开发、推广过程中不可绕过的环节。

2. 产品痛点

产品痛点是指产品或服务的使用过程中给用户带来不便的问题。它们是未解决的质量或功能问题，会影响产品或服务的正常运行，令人沮丧，甚至无法使用。

产品痛点的一个典型的例子是电动汽车的续航问题。尽管电动汽车在智能化、引擎性能等方面的体验要远远超出传统的燃油汽车，但是其续航里程过短、充电站数量太少是当前电动汽车最大的痛点。数字应用中也经常出现这样的问题，如某些手机在拍摄时需要长时间的计算和存储，使得用户无法即时看到拍摄结果；比如微信在长时间使用后会占用大量的手机存储，拖慢手机的运行速度等。

大部分的产品痛点都是技术或成本的限制造成的，但是也有一些产品痛点是产品设计的问题。比如唐·诺曼在《设计心理学》中提到的诺曼门，门把手的设计和开关方式之间没有关系，使得用户不知道如何开门。解决类似的痛点就需要了解用户的需求、能力和愿望，以此作为设计的出发点和评估标准。

3. 流程痛点

流程痛点是产品或服务流程的问题，往往存在于导航、页面的过渡或服务的交接过程中。

流程痛点的极端例子是，一个购物网站的产品页面中没有明显的购买按钮，用户无法完成购买，自然意味着网站业务的损失。还有一些情况没有这样的极端，但是同样会对体验造成严重的影响。比如，如果一个资讯类网站在用户首次访问时就需要注册和登录，用户还未了解到网站内容的质量和作用，自然不愿意花费时间注册。

流程痛点的解决方案是通过原型进行可用性测试，以用户为中心，围绕场景化的设计思路，检查重点任务流程的完整性、流畅性、简洁性，在产品发布前找到并解决尽可能多的流程问题。

4. 支持痛点

支持痛点指的是一个产品或服务的支持或客服不足造成的问题。当用户需要帮助支持的时候，无法顺利获取到他们的答案或解决问题，就会给用户带来体验上的挫折。

比如用户需要咨询某款软件的价格，但是其官方网站上却没有明显的客服入口，显然直接影响了用户的购买意愿。有的时候这种情况是因为该软件公司已经聘请多家第三方销售代理，自己并不开展针对消费者的业务。但是从用户的角度来看，官方网站是其能够接触到的最直接的渠道，他们会更期待能够得到官方的信息支持。

另外，我们在寻求客服帮助的时候，经常碰到需要更换多个客服的情况，而每次更换客服我们都需要将遇到的问题重新叙述一遍，这无疑会让人非常沮丧，加深了对服务的不满。

要解决支持痛点，首先，要让用户方便地找到支持的入口。在网站中我们通常会将支持按钮浮动在网页的右下角，用户可以随时点击展开咨询。在软件产品中，我们一般将"帮助"的功能放置在菜单的最后一项。将入口放置在这些固定的位置上，符合用户的心理模型，可帮用户快速找到支持。

其次，建立一个常见问题列表（FAQ）页面。将用户经常咨询的问题汇总成一个层次清晰、查询方便的问题列表，可以提升支持的效率。此外，还可以利用人工智能技术打造客服系统，通过自然语义识别了解用户问题，通过检索问题数据库回复相应答案。这些措施都能够减缓客服人员的压力。

最后，梳理、优化客服流程，标准化服务用语。当客服系统涉及售前、售中、售后等内容，需要销售、技术等多领域客服协同时，需要做好可用性测试，优化流程，避免出现"踢皮球"现象。另外，将客服沟通用语标准化，也可以防止因个别客服人员的缺失造成支持痛点。

第二节　用户研究

一、用户研究

用户研究是对目标用户的系统性研究，是使用不同的观察技术和反馈方法来获得对用户的行为、需求和痛点的宝贵见解和理解的过程。用户研究帮助产品团队识别问题和挑战、验证假设、发现目标用户群的模式和共性，并充分了解用户的需求、目标和心理模型。

用户研究不仅仅是开发过程中的一个"步骤"，它贯穿整个产品开发的流程。研究、收集的见解对构建新产品或迭代现有产品时做出明智的产品、设计或营销决策非常重要。

（一）根据数据做出明智的决定

在整个设计和产品开发过程中结合用户体验研究的主要好处之一是它可以帮助您了

解用户行为并做出更好、更明智的决策。研究需要时间和资源，但不进行研究的成本通常要高得多 —— 导致解决方案构建不佳、产品不成功及设计和开发时间的浪费。例如，IBM 发现开发后修复错误的成本比开发期间高出 100 倍。

> 没有研究，你或多或少会凭直觉行事。您无法确定哪些问题值得解决及如何最好地解决这些问题。从战术和战略的角度来看，研究在构建成功的产品和经验方面起着至关重要的作用。
>
> —— 丹尼·威廉姆斯（高级产品设计师 @ Shopify）

（二）消除设计过程中的偏见

2019 年进行的一项研究发现，女性在车祸中丧生的可能性增加 17%，受重伤的可能性增加 73%。之所以会出现这个问题，是因为用于评估事故中车辆安全性的碰撞测试假人使用的是男性的尺寸。这个例子说明要通过调整用户的代表性样本来消除偏见，而不是依靠您自己的经验来为决策提供信息。心理学家们还发现了 100 多种认知偏差，其中许多会影响我们的决策和我们制造的产品。尽早同用户交流，与用户共情，了解他们的心理模型，可以帮助你消除设计中的偏见。

（三）测试和验证概念

没有经过测试的创意只是一个创意而已。尽早进行用户测试能够验证概念，收集用户的反馈，应用到改进和迭代中。用户研究还是一个指南针，可以指导团队下一步的关注点，可以帮助团队了解该在什么地方投入时间，根据用户的数据定义产品路线图。

（四）成功将产品推向市场

用户研究还能够帮助营销人员了解客户需求，并制定有效的市场营销策略。通过访谈、快速测试等方法，可以收集关于类似产品命名、新闻稿件等内容的反馈，这意味着团队能够避免在营销过程中犯错，增加产品成功的机会。

二、用户研究中的认知偏差

（一）认知偏差概述

人的大脑是一个令人难以置信的信息处理机器，可以存储惊人的信息量。大脑能够存储如此多信息的一种方式是基于重复模式创建心理捷径。这些快捷方式允许人类将信息关联并分组在一起，以便更快地进行处理。但是，这些重复的思维模式可能会影响一个人的选择和判断，导致不准确或不合理的结论。

认知偏差是思维中的系统错误，会影响一个人的选择和判断。认知偏差的概念最早由阿莫斯·特沃斯基（Amos Tversky）和丹尼尔·卡尼曼（Daniel Kahneman）在1974年的一篇文章中提出。从那时起，研究人员已经确定并研究了多种类型的认知偏差。这些偏差会影响我们对世界的看法，并可能导致我们决策不力。

在进行可用性研究时，由于参与者的选择方式、数据的收集方式、缺乏控制、研究者的态度及许多其他因素，可能会出现偏差。可用性研究预览了设备在实际实践中的使用方式，开发团队可能会根据需要进行改进，以降低未来使用错误的风险。因此，实验者必须意识到偏差的各种来源，并尽可能消除或限制它们。

认知偏差有很多种类型，其中有十种是用户研究中尤其要注意的。

（1）实验者效应（Experimenter Effect）。个体有倾向微妙地揭示他们期望发生的事情。例如，如果主持人意识到以前在研究中发现的使用错误，他或她可能会微妙地影响参与者不要犯那个错误。

（2）确认偏差（Confirmation Bias）。即个体倾向于寻找证据来证明已经有的假设。例如，实验者可能只是专注于研究前发现的问题而没有进行全面的观察研究。另外，参与者使用产品的方法或多或少会受到之前使用类似产品的经验的影响。

（3）霍桑效应（Hawthorne Effect）。当人们知道自己被监视时，他们往往会做出不同的行为；当人们知道自己是研究或实验的参与者时，他们通常会更加努力或表现得更好。

（4）友好偏见（friendliness bias）。友好偏见描述了人们倾向于同意他们喜欢的人，以保持非对抗性的对话。主持人如果对参与者过于友好，并且与他们建立了过于融洽的关系，参与者就有可能会为了避免对抗而同意你的观点。这可能会阻止参与者给出诚实的反馈。

（5）社会期望偏差（Social Desirability Bias）。社会期望偏差会导致参与者关注产品体验的积极方面，并将消极方面最小化，以一种被他人看好的方式回答问题。防止这种偏见的一种方法是向参与者提供一系列来自其他用户的陈述。询问参与者他们最关心的陈述，并强调没有正确的答案。

（6）启动效应（Priming Effect）。参与者会被主持人的问题或任务中的措辞影响，得出与实际不符的结论。例如，如果主持人问"这个设备是由很难使用的材料制成的吗？"而不是"你认为这个设备是由什么材料制成的？"相比，参与者更有可能说这个材料是不舒服的来源，而事实不一定如此。

（7）近因效应（Recency Effect）。参与者更清楚地记住最近事件的倾向。例如，当参与者使用一种产品时，他们变得熟悉它，并且能够更好地完成以后的任务。这可能会让他们相信任务比以前的更容易完成。

（8）任务—选择偏差（Task-Selection Bias）。参与者知道完成测试任务对测试和产品很重要，因此，更努力地寻找解决方案以完成任务。在实际场景中，面对同一个任务，参与者可能会立即寻求帮助或放弃。

（9）从众效应（Bandwagon Effect）。做事或相信事情的倾向，因为许多其他人也做或相信同样的事情。例如，特别是在焦点小组中，如果一些人用某种回答来回答一个问题，那么跟随的人更有可能用同样的回答来回应，即使他们有不同的观点。

（10）后见之明偏差（Hindsight Bias）。倾向于认为过去的事件在发生时是可预测的。例如，如果参与者在研究后被告知如何完成任务，他们可能更有可能报告说即使没有这些知识也很容易完成。

（二）减少用户研究中的认知偏差

用户研究中的认知偏差不可避免，但需要尽可能减少类似情况的出现。首先，要意识到认知偏差的存在，选择合适的研究方法并有意识地避免认知偏差。其次，与参与者保持专业的关系可以缓解实验者效应、社会期望偏差和霍桑效应。比如，研究过程中的表达要礼貌和清晰，让参与者感到舒适，但是也不能太过于热情。

让环境尽可能真实可以减轻霍桑效应、确认偏差、实验者效应和启动效应。这包括确保参与者感觉自己没有被观察到，记住脚本，并允许参与者尽可能自己做决定。

在进行研究时，主持人应该确保依靠自己的观察技能来避免启动和近因效应。虽然参与者应该在研究后接受调查，但提问的方式和提问的时间可能会改变参与者使用设备时的实际感受。总的来说，参与者的观点要主观得多，而且可能会随着时间的推移而改变。主持人，尤其是因为他或她意识到现存的认知偏差，应该在考虑受试者的反应之前对情况做出自己的判断。

　　用户研究应该针对每个人单独进行，以避免社会期望偏差、后见之明偏差和从众效应。当参与者被分成小组时，他们很容易受到周围人的影响，可能不会像独处时一样使用设备，也可能会根据他人的回答去回答问题，或者可能觉得有必要给其他人留下深刻印象。当每个参与者被单独研究时，这些偏差是可以避免的，因为他们不知道其他人做了什么。

　　改变不同研究参与者的任务顺序，以解决确认偏差、近因效应和任务—选择偏见。当参与者使用设备时，它变得更容易使用。这可能会被误解为较晚的任务比较早的任务更容易执行。尽可能改变任务顺序，可以减少对每个任务难度的偏差。

　　应该鼓励参与者对产品提供反馈（无论是积极的还是消极的），以限制霍桑效应、友好偏见和社会期望偏差。参与者可能认为主持人或实验者是创造产品的人，为了让他或她满意，他们可能想把更多的责任推到自己身上。通过在研究开始时明确表示情况并非如此，参与者可以更好地识别他们在产品上遇到的问题和挑战。

三、用户研究方法

　　用户研究有很多不同的方法，每种方法都有其各自的优点和缺点。用户研究过程中需要根据研究目的、研究条件进行选择。在选择用户研究方法之前，要明确自己的研究问题和目标。

　　首先，可以问自己以下这些问题。

　　我想知道什么？

　　我不知道什么？

　　这项工作将支持哪些公司目标？

　　现在产品开发过程中处于什么阶段？

　　这项研究将做出什么决定？

　　这项研究的预期结果是什么？

　　其次，与利益相关者交流，他们可以帮助你明确商业目标和决策类型，有助于你进一步确认研究目标。

　　最后，你的研究问题应该具体的、可操作的和实用的，问题中应包含关于需要招募的对象及研究方法的线索。一些好的研究问题示例如下。

　　客户是否能够成功导航到我们网站上的帮助页面？

　　决定购买宠物保险的主要动机是什么？

　　大学生用什么工具来记录他们的日程安排？

（一）从用户研究在设计流程中所处的阶段来看 —— 基础研究、设计研究和发布后研究

在设计之前所做的研究为基础研究，通过了解用户的需求以定义产品和战略，解决"构建什么"的问题；在设计过程中所做的研究称为设计研究，通过原型测试了解用户的体验和感受，从而保证产品的使用足够易用和有效，解决"如何构建"的问题；在产品发布之后的研究，用于评估产品满足用户需求的程度，还可以通过产品的市场表现，掌握用户研究的投入对产品的效果，解决"产品成功了吗"的问题，如图 2-1 所示。

图 2-1　研究在设计流程中的分布和目的

1. 基础研究

基础研究是在设计开始之前完成的。在产品开发生命周期中，基础研究发生在第一个阶段。基础研究帮助您和用户共情，了解他们的需求，并激发新的设计方向。

在基础研究中，研究目标是了解用户需要什么及设计的产品可以如何满足这些需求。

在基础研究中，需要考虑的问题包括：

我们应该构建什么？

用户的问题是什么？

我们如何解决这些问题？

我是否意识到自己的偏见，我是否能够在研究时过滤它们？

进行基础研究有很多研究方法，其中许多都是基于观察。常见的基础研究方法包括以下几种。

（1）实地研究：在用户环境或个人环境中进行的研究活动，而不是在办公室或实验室中进行的研究活动。

（2）用户访谈：对目标用户进行采访，用于收集有关人群的意见、经验和感受。

（3）问卷调查：以问卷等形式对大量用户调查相同的问题，以了解大多数人对产品的看法。

（4）焦点小组：研究一小群人的反应。例如，焦点小组可能会将8个用户聚集在一起，讨论他们对设计中新功能的看法。焦点小组通常由主持人主持，他指导小组讨论某个对话主题。

（5）竞品分析：概述竞争对手的优势和劣势。

（6）日记研究：一种研究方法，用于收集有关用户行为、活动和体验随时间变化的定性数据。用户通过记录或写日记的方式记录日常活动，提供有关行为和需求的信息。

（7）需求与约束收集：是在项目或产品开发过程中的一项关键活动。它涉及识别、收集和记录项目或产品的功能需求、业务需求、用户需求及各种约束条件。

（8）利益相关者访谈：利益相关者访谈是指对与项目、产品或组织有利害关系的个人或团体进行结构化访谈的过程。利益相关者访谈的主要目的是收集关键利益相关者的见解、观点和要求，为决策、项目规划和利益相关者管理提供信息。

2. 设计研究

设计研究是在设计的过程中完成的。设计研究为设计提供信息，满足用户的需求并降低风险。每次您创建一个新版本的设计时，都应该进行新的研究，以评估哪些效果好，哪些需要改变。

在设计研究中，您的目标是回答这个问题：我们应该如何构建它？

您进行的设计研究量将根据您的工作地点和正在构建的内容而有所不同。设计研究的最常用方法是可用性研究，这是一种通过在用户身上进行测试来评估产品的技术。可用性研究的目标是确定用户在原型中遇到的痛点，以便在产品发布之前修复问题。

可用于设计研究的其他研究方法包括以下几种。

（1）任务分析：任务分析是研究和记录完成特定任务或活动所涉及的步骤、行动和决策的系统过程。它广泛应用于人机交互、用户体验设计、流程改进、培训开发和职业分析等各个领域。

（2）旅程地图：旅程地图是一种可视化工具，用于描绘用户在与产品、服务或品牌进行交互时的整个体验过程。它以时间轴为基础，从用户的角度呈现用户的行为、情感、需求和关键触点。旅程地图帮助团队了解用户的体验旅程，并发现用户痛点、机会和改进点，以便针对用户需求做出优化和创新。

（3）角色模型：角色模型是在用户研究中使用的工具，用于创造和描述代表目标用户群体的虚拟人物。角色模型通常基于研究数据和用户洞察，以代表不同用户类型的典型特征、需求、目标和行为。角色模型帮助设计团队更好地理解目标用户，并在设计过程中以用户为中心，以满足他们的需求和期望。

（4）竞品分析：竞品分析是一种研究竞争市场中同类产品或服务的方法。它旨在了解竞争对手的产品特性、用户体验、定位、定价策略、市场份额等信息。通过竞品分析，设计团队可以了解市场上的最佳实践、发现差距和机会，并在设计过程中避免重复他人的错误，以提供更具竞争力的产品或服务。

（5）设计评审：设计评审是在设计过程中进行的一种系统审查和评估，以确保设计方案的质量和符合目标。设计评审通常由设计团队成员、利益相关者或专家进行，涉及对设计的各个方面进行审查，如用户界面、交互流程、信息架构、视觉设计等。评审的目的是发现问题、提供反馈和建议，并改进设计方案以满足需求和目标。

（6）原型测试：原型测试是在产品设计过程中使用原型（如交互式模型或演示版本）来评估和验证设计的有效性和可用性的过程。通过让用户与原型进行互动和任务完成，设计团队可以收集用户反馈、观察行为、检测问题和发现改进点。原型测试有助于识别设计中的问题，并在早期阶段进行迭代和优化，以提供更符合用户需求的最终产品。

（7）A/B测试：一种研究方法，用于评估和比较产品的两个不同版本或设计，以发现其中哪一个最有效。例如，你可以让用户评估应用主页的两个布局，以确定哪种布局更有效。

（8）游击研究：一种研究方法，通过将设计或原型带入公共领域并向路人询问他们的想法来收集用户反馈。例如，你可以坐在当地的咖啡店里，询问客户是否愿意花几分钟测试你的设计并提供反馈。

（9）卡片分类：一种研究方法，指示参与者将写在记事卡上的标签按照他们的理解进行分类。这种类型的研究主要用于弄清楚项目的信息架构。

（10）树状测试：让用户在菜单树中找到完成特定任务的位置，可以用于测试信息架构的可用性。

3. 发布后研究

在产品开发生命周期中，发布后研究在发布之后进行，以帮助验证产品是否通过既定指标满足用户需求。

在发布后研究中，您的目标是回答以下问题：

用户更喜欢哪种设计？

这个界面直观吗？

此功能是否按预期工作？

我们是否正确地构建了正确的产品？

还有什么更好的方案呢？

研究要深入了解用户对您的产品的看法，以及他们使用产品的体验是否与您预期相一致。可用于进行发布后研究的研究方法包括以下几种。

（1）可用性测试

可用性测试是一种评估产品或系统易用性和用户体验的方法。在可用性测试中，参与者代表目标用户群体，根据预先定义的任务和场景，与产品进行交互并提供反馈。测试团队观察参与者的行为、反应和困难，以评估产品的易用性、效率、学习曲线、满意度等方面。通过可用性测试，设计团队可以了解用户在实际使用中遇到的问题，并提供改进建议和优化措施，以提升产品的用户体验。

（2）基准测试

基准测试是一种评估和比较产品性能、功能或指标的方法。在基准测试中，设计团队建立一个参照标准或基准，并将不同产品或版本与该基准进行比较。基准测试可以涉及各种方面，如性能测试、功能测试、响应时间测试等，根据需求选择适当的指标。通过基准测试，设计团队可以确定产品的相对性能、改进空间及与竞争产品的比较优势或劣势。基准测试有助于制定目标、评估产品的状态，并提供参考数据以支持设计决策和优化措施。

（3）问卷调查

（4）A/B测试

（5）日志分析

一种研究方法，用于评估用户与您的设计，工具等交互时的录音或其他记录信息。

（二）从用户研究针对的对象来看 —— 态度研究和行为研究

用户研究主要关注用户的"态度"和"行为"两个层面。态度指的是用户的话语和表情呈现出来的心理特征。行为是指用户使用产品时的操作路径或方法。

1. 态度研究

态度研究的目的通常是理解或衡量人们对某事的感受，对设计师来说非常有用。例如，卡片分类可以洞察用户对信息空间的心理模型，并有助于确定适合您的产品、应用程序或网站的最佳信息架构。汇总和分类用户对产品的态度或收集用户自我报告的数据，可以帮助跟踪或发现需要解决的重要问题。

态度用户研究方法（如调查和焦点小组）依赖于关于人们态度、感知和期望的自我报告数据。态度研究可以帮助您回答以下问题：

人们对这一功能有何看法？

人们说他们想要什么？

人们如何描述他们当前的问题？

他们的心理模型是什么？

2. 行为研究

另一类研究方法主要关注用户的行为。这些方法试图了解人们使用相关产品或服务时的行为是什么。例如，A/B 测试将修改的网站或产品随机呈现给访问者，以查看不同设计的选择对用户行为的影响；而眼动追踪旨在观测用户的视线如何在界面上移动，以了解界面设计是否能高效传达信息。

行为用户研究方法（如 A/B 测试和首次点击测试）基于对研究参与者如何与原型或成品互动的直接观察。行为研究可以帮助您回答以下问题：

用户如何与这一新功能互动？

用户完成一个工作流程需要多长时间？

哪种 CTA 的转化率更高？

人们可以自由浏览用户界面吗？

用户研究方法的使用频率最高的是可用性研究和实地研究。这些方法的研究对象既包括用户的态度，也包括用户的行为，还可以根据需求调整研究的侧重，能够更全面地了解用户。

（三）从研究数据的类型来看 —— 定性研究和定量研究

1. 定性研究

定性和定量测试之间的主要区别在于收集数据的方式。定性测试通过观察用户的行为及他们对您的产品的反应，收集有关行为和态度的数据。定性用户测试使您能够了解某人在产品中做某事的原因，并研究您的目标受众的痛点、意见和心理模型。定性可用性测试通常在测试期间采用大声思考的方法，要求参与者在完成任务时说出他们脑海中的任何词句。通过这种方式，您可以访问用户的意见和评论，这对于尝试了解为什么设计不适合他们时非常有用。随着收集更多定性数据，您可能会开始发现用户之间的共同点，利用这些趋势在下一次设计迭代中进行更改。

定性研究可以帮助您回答以下问题：

为什么？

如何？

我们如何解决这个问题？

定性可用性数据的示例：产品评论、可用性测试期间的用户评论、遇到问题的描述、面部表情、偏好等。

2.定量研究

定量测试以间接的方式积累有关用户行为和态度的数据。定量测试使用可用性测试工具，通常会在参与者完成任务时自动记录定量数据。定量数据由可以量化和用数字表示的统计数据组成。这些数据以指标的形式出现，例如，某人完成一项任务需要多长时间，或者有多少百分比的组点击了设计的某个部分等。对于定量数据，如果没有参考点的话很难解释。例如，如果一项研究中"60%的参与者能完成任务"，很难说清楚设计是成功还是失败的，也不能说明未完成者遇到麻烦的原因。所以定量测试结果通常不直接用于代表产品的可用性，而是用来和已知标准或竞争对手进行比较研究。

定量用户体验研究涉及从更大的人群中收集数据，以便通过统计分析量化问题并揭示模式。定量研究可以帮助您回答以下问题：

完成率是多少？

误点击率有多少？

花费时间多久？

定量可用性数据示例：完成率、误点击率、花费时间等。

关于定量和定性研究，雅各布·尼尔森说："定量研究必须在每个细节上都做得完全正确，否则数字将具有欺骗性。研究中有太多的陷阱，你可能会陷入其中。如果你只是依赖定量研究，那么当出现问题时，你将没有备选的方案，从而让产品走上错误的道路。""定性研究没有那么脆弱，因此不太可能因为研究过程中出现的问题而完全失效。即使你的研究在每个细节上都不完美，你仍然会从了解用户及观察到的行为的定性方法中获得大部分好的结果。"

定量和定性用户研究方法不是对手，将定性方法与定量方法结合使用可以获得最佳得研究结果。例如，先通过定性研究方法帮助团队验证设计方向，再通过定量方法根据用户的需求和业务目标调整个性化的设计，如表2-1所示。

表 2-1　定性用户研究和定量用户研究的区别

	定性研究	定量研究
回答的问题	为什么?	有多少? 多久?
目标	形成性和总结性: ·为设计决策提供信息 ·识别可用性问题并找到解决方案	主要是总结性的: ·评估现有网站的可用性 ·跟踪一段时间内的可用性 ·将网站与竞争对手进行比较 ·计算投资回报率
何时使用	任何时候: 设计过程当中, 或者产品发布后	产品发布后
产出	基于研究人员的印象、解释和先验知识的发现	具有统计学意义的结果
方法	·较少的参与者(5~8 人) ·灵活的研究条件, 可根据团队需求进行调整 ·大声思考	·许多参与者(通常超过 30 人) ·明确、严格控制的研究条件 ·通常不进行大声思考

(四) 从用户研究的场景来看 —— 自然使用测试、非情景化测试 / 无产品测试、脚本化测试、混合测试

1. 脚本化测试

脚本化测试是指测试前将测试流程、测试任务、访谈问题等内容编写成测试脚本, 并在测试中严格执行以确保测试效果的方法。

脚本化测试的目的是确保在不同的参与者之间进行实验时, 每个参与者都面临相同的条件和任务。通过编写详细的脚本, 研究人员可以确保每个参与者都遵循相同的流程, 并进行相同的操作。这样可以使研究结果更具可比性和可靠性, 因为不同参与者之间的差异主要来自被研究对象本身, 而不是实验条件或任务的不同。

根据不同的研究目标, 脚本的详细程度可能会有很大差异。例如, 基准测试通常需要严格的脚本, 生成量化的测试结果, 才能用于不同版本产品的可用性的比较。

常用的脚本测试方法有: 可用性测试、可用性基准测试、游击测试、树状测试等。

2. 非情景化测试 / 无产品测试

非情景化测试 / 无产品测试可用于生成产品的信息架构或者研究比可用性更广泛的问题, 如品牌调性等。

常用的非情景化测试方法有: 访谈法、卡片分类法等。

3. 自然使用测试

自然使用测试是指用户在家中或办公室等自然场景中（非实验室）使用产品时所做的测试。自然使用测试的目标是尽量减少研究的干扰，以了解用户接近现实的行为或态度。许多人种学的实地研究都属于自然使用测试的类型。

常见的自然使用测试方法有：田野调查法、观察法、A/B 测试、首次点击测试、眼动追踪测试、日记研究等。

4. 混合测试

混合测试是包含一个或多个类别（脚本化、去情境化、自然测试）元素的测试方法。混合测试使用创造性的方法来识别用户想要的产品体验或功能，有时甚至允许用户直接参与设计。

混合测试方法有：合意性研究、概念测试和参与式设计。

（五）从用户研究的作用来看 —— 发现性研究和评价性研究

发现性用户体验研究（也是基础性或探索性研究）使用直接观察、深入访谈和仔细分析来产生想法并发现创新机会，以满足市场中的特定和真实需求。发现性研究通常（但并不总是）是定性的。发现性研究可以帮助您回答以下问题：

我们的用户是谁？

他们的问题是什么？

他们是怎么想的？

是否确实需要此解决方案？

我们应该构建什么产品？

评价性用户体验研究用于评估人们对产品或解决方案的反应。它在整个产品开发周期中用于测试和验证想法、原型和成品的吸引力、直观性和功能性。评估性研究可以帮助您回答以下问题：

用户更喜欢哪种设计？

这个界面直观吗？

此功能是否按预期工作？

我们是否正确地构建了正确的产品？

还有什么更好的方案呢？

四、发现性研究

发现性研究是探索性的研究方法，旨在探索新领域、问题或现象，以获得初步的理解和洞察。它通常用于研究初期，当对研究主题或问题的了解较少或不存在明确的假设时，发现性研究可以帮助研究者收集和分析相关信息，并形成初步的概念和理论。

发现性研究的主要目标是进行探索和发现，而不是验证特定的假设或预测。它强调对未知领域的探索和理解，通过收集大量的信息和数据来形成新的观点和理论。发现性研究通常采用灵活的方法和设计，以适应研究过程中的变化和新发现。研究者可能使用多种数据收集方法，如访谈、观察、文献综述、焦点小组等，以获得全面的信息。

发现性研究的数据分析通常是基于归纳和主题分析的。研究者收集的数据可能包括文字记录、笔记、观察记录等，他们通过对数据的综合和归纳，识别出潜在的主题、模式和关联。发现性研究产生的结果一般是初步的洞察和理解。这些洞察可以为进一步的研究提供基础，并指导后续的研究设计和假设生成。

（一）用户访谈（User Interviews）

用户访谈是一种用户研究方法，研究人员向用户询问相关主题（如系统的使用、行为和习惯）的问题，用于收集关于人们的意见、态度、经历和感受的深入信息，是了解用户心理的最直接的方法。访谈一般是一对一进行，持续大约 30 分钟。访谈最好不要少于 5人次，在用户提供的反馈中找到的相似之处，就是对用户心理的洞察，如表 2-2 所示。

表 2-2　用户访谈

方法	用户访谈
主要目标	获得关于用户需求、体验、问题和反馈的详细和深入的信息
什么时候使用	发现阶段
时间	约 30 分钟
准备	访谈问题、访谈对象、笔记和录音设备

1. 用户访谈的作用

用户访谈是用户研究中的重要方法之一，它有以下几个主要目的和价值。

（1）深入了解用户需求和行为

通过与用户进行面对面的访谈，可以直接与他们交流、提问和探索，从而深入了解他们的需求、期望、行为模式和挑战。用户访谈可以揭示用户的真实想法、感受和动机，帮助设计团队更好地理解用户的痛点和需求。

（2）收集用户反馈和意见

用户访谈提供了一个平台，让用户可以分享对产品、服务或体验的意见、建议和反馈。这些反馈可以帮助设计团队发现问题、改进产品、优化用户体验，并更好地满足用户的期望。

（3）发现用户洞察和创新机会

通过与用户进行深入访谈，设计团队可以获得新的洞察和理解，从而发现用户的隐藏需求、行为模式和未满足的需求。这种洞察可以为创新和设计决策提供有价值的指导，并帮助团队开发出更符合用户期望的解决方案。

（4）用户参与和共创

用户访谈可以让用户感到被重视，增加他们的参与感和归属感。通过与用户共同探讨和讨论，设计团队可以建立更好的合作关系，以便将用户需求和反馈融入设计过程中，共同创造出更有意义和更有价值的产品或服务。

（5）确保用户导向的设计

用户访谈有助于将用户放在设计过程的中心位置。通过直接与用户交流，设计团队可以更好地了解用户的特点、上下文和使用情境，并将这些信息融入设计决策中，确保最终的设计方案符合用户的期望和需求。

总而言之，用户访谈是获取用户洞察、理解用户需求和行为、收集用户反馈及促进用户参与和共创的重要手段。通过与用户建立沟通和理解的桥梁，设计团队可以创造出更加具有用户导向和有价值的产品和体验。

2. 用户访谈的类型

用户访谈可以在产品开发流程的不同阶段中应用，根据访谈的目的和所处的开发阶段，用户访谈可以分成以下几种类型。

（1）探索性/生成性访谈

用于设计开始之前，是最常见的用户访谈类型。探索性访谈需要采用结构化的对话，以收集用于用户角色、旅程图、功能创意、工作流程创意等方面的信息，继而寻找机会和想法。

（2）情景式访谈

在实地研究（情境调查）中，通过观察法了解用户的行为之后，向用户提出半结构化的问题，让用户描述工具、过程、瓶颈及用户如何看待这些，从而丰富情境调查的内容。

（3）评估性访谈

在可用性测试结束时，收集与观察到的行为相关的口头反应（最好将访谈放到可用性研究的行为观察部分之后：如果您在参与者尝试执行您的设计任务之前提出问题，您将引导用户特别注意您询问的任何功能或问题，这会造成研究的偏差）。

（4）连续性访谈

是固定周期与特定的用户保持联系和沟通，用于获得用户持续性的反馈，并追踪可能会出现的问题。

3. 用户访谈应注意的问题

有了合适的氛围和问题，您可以从受访者那里挖掘出大量的信息。谷歌用户体验研究合作伙伴迈克尔·马戈利斯给出了进行可用性面试的 16 个实用建议。

（1）进入角色

在进行可用性研究和研究访谈之前，花一点儿时间有意识地将自己转变为研究员角色。这可以帮助您暂停类似批判、怀疑、判断的态度 —— 它们会干扰您从参与者那里收集有用的信息。进入角色有助于保持访谈友好、随意和对话。

（2）微笑

在向研究参与者打招呼之前 —— 即使是电话采访。微笑让您的声音和态度看起来更友好、更积极。由于微笑具有传染性，参与者通常会回以微笑，从而改善他们的态度。

（3）着迷

像一个好的主持人一样，您需要渴望尽可能多地了解参与者的经历和观点。您的肢体语言和表情应该反映出这一点。面对参与者，进行眼神交流，不要交叉双臂和双腿，不要皱眉或扬眉。

（4）保持中立和鼓励

尽量保持中立和鼓励。一个简单的"嗯"或"好"告诉用户您正在积极倾听。当有人批评您的产品时，不要采取防御措施，这正是你需要获得的信息。

（5）不要评判或驳回

在会话期间判断用户或忽略他们的反馈会适得其反。您的目标是在您拥有的时间内获取尽可能多的信息，并尝试从他们的角度理解这一切。稍后您将有足够的时间来反思它。

（6）建立情感联结

除非您让用户放心并赢得他们的信任和信心，否则采访的质量和您将收集的数据将会受到影响。从您与受访者打招呼的那一刻起，就有意识地投入时间和精力来建立融洽的关系。在过渡到访谈之前，先从友好的闲聊开始。在深入研究个人经历或更复杂的任务之前，先从简单、易于回答的问题开始。就像在任何谈话中一样，时间到了就突然结束似乎很粗鲁，在感谢（并支付）参与者之前，花一点儿时间来总结谈话中的几个关键点。

（7）询问 5W1H 问题

通过提出谁、什么、何时、何地、为什么及如何开始的开放式问题，您更有可能获得更多信息和更好的故事。很多判断式的问题通常不会引发很好的对话，尽量避免这样的问题："您会……吗？""您是否……""是吗？"

（8）提出后续问题

不要满足于您得到的第一个答案。一个简单的跟进问题通常会揭示更全面的解释或有价值的示例。尝试跟进：

为什么？什么时候？如何？

有什么例子吗？

沉默并陈述完整的问题（如"那么当那件事发生时您……"），很少有参与者能抗拒突然的停顿和研究人员好奇、期待的表情。

（9）有疑问时，请澄清

当您不太确定参与者所描述或指代的具体是谁或什么内容时，请务必确定并避免任何误解（"当说……时，您的意思是……"）。

（10）用问题回答问题

在可用性会议开始时，告诉用户这个测试尝试了解他们如何做事，告诉他们您将尽量不帮助他们或回答他们的问题，除非他们真的陷入困境。然后，当他们不可避免地问关于产品的问题时，可以通过问一些问题来引导他们，"您认为这会如何工作？您还能尝试什么？您怎么能得到帮助来解决这个问题？"

（11）保持个性化和具体化

告诉用户避免假设和概括性的描述（"人们认为……""每个人都想要……""我总是……"）。询问他们个人身上发生的例子。

（12）注意时间

当您计划您的访谈时，要合理规划时间。在访谈期间遵守您的时间安排，以确保能问完所有的问题。但是，不要让您的受访者看到您在看手表或时钟，避免做出让受访者认为"我很无聊，看看时间"的手势。

（13）不要推销

研究的目的是观察和倾听用户的坦率反馈 —— 而不是让他们相信您的产品是很棒的。如果您无法阻止自己向用户推销产品，可以试着采用远程观察的形式。

（14）倾听

偶尔检查一下，以确认您听到的是您的受访者 —— 而不是您自己 —— 在做大部分的谈话。

（15）注意面部表情、肢体语言和语气

使用您的表情或姿势暗示让受访者感到舒适、有趣、乐于助人并被倾听。面对他们，进行眼神交流，避免坐立不安和交叉双臂。专注于对话，避免在整个面试过程中乱写或打字。也要注意他们的肢体语言。他们看起来很紧张吗？无聊吗？如果是这样，请尝试恢复您的融洽关系并让他们放心，然后再次检查您自己的肢体语言。不要犹豫，问是什么让他们有类似翻白眼、叹息、大笑、皱眉等表情。

（16）多加练习

像任何技能一样，您的访谈熟练度会随着练习而提高。您无须立即应用所有这些技术，只需在每次面试时选择一些重点关注，当它们成为习惯后再试着加入其他访谈技术。

4. 用户访谈的问题示例

（1）探索性访谈问题

①开始了解用户。

目标：广泛了解研究的参与者是谁，包括他们的动机、兴趣、痛点和日常生活模式。

告诉我您在工作中的角色。

告诉我您所在的团队。

对您来说，工作的典型的一天是什么样的？

您上周末做了什么？

告诉我您和活动 / 问题的关系。

成为角色属性最难的部分是什么？

您的爱好是什么？告诉我您最后一次为爱好做某事是什么时候。

您最常使用的应用程序和网站有哪些？

②挖掘问题。

目标：理解参与者作为用户或者潜在用户的身份特征。深入研究他们与您想解决的问题所相关的经历、态度和愿望。

什么任务占用您一天中最多的时间？

您上次做活动是什么时候？

您多久做一次活动？

您能向我描述一下您是如何做任务的吗？

X 任务和 Y 任务有什么区别？

活动最难的部分是什么？

您目前如何解决这个痛点？

告诉我您目前是如何解决问题的。

您是否创建了任何变通方法来解决问题？

您目前在活动上花费了多少时间？

X 任务如何影响 Y 任务？

您花了多少时间或金钱来解决问题？

③产品 / 市场适配问题。

目标：发现和理解对产品或服务的需求。

说说您对活动的体验

您用什么工具来解决问题？

您用什么工具或物品来做 活动？

您是如何听说您目前用于解决问题的工具的？

您过去是否使用过任何其他工具来解决问题？

您的团队目前在活动上的预算是多少？

您愿意花多少钱做活动？

您目前如何解决问题？带我完成流程的每一步。

您目前完成任务的流程是什么？

任务在哪些方面有可能更容易？

（2）评估性访谈问题

目标：收集用户对产品或服务的体验的深入定性反馈，以评估可用性并为设计决策
提供信息。

请描述您对工具的体验。

您对这个产品 / 原型有什么看法？

您如何设想在解决问题方面使用这个产品？

您能否使用这个产品或原型完成活动？

当您看到这个产品或原型时，您的第一反应是什么？

您认为这个产品或原型将会做什么？

如果您正在寻找 信息，您会期望在哪里找到它？

这个产品的导航容易还是困难？

当您登录时，您会首先做什么？有没有其他完成这个任务的方式？

您最常使用产品的哪些部分？为什么？

您最少使用产品的哪些部分？为什么？

关于这个产品，有哪一件事让您最兴奋？

您为什么会继续使用这个产品？未来会有什么因素阻止您使用这个产品？

告诉我您使用过的类似产品的情况。

在这个产品中，有什么东西给您的感觉不对或是不必要的？

在您使用这个产品的体验中，是否有任何遗漏的地方？

对于这次体验，有什么事情让您感到意外吗？

您认识哪些人会发现这个产品有用？请描述他们。

（3）持续访谈问题

目标：了解客户如何使用您的产品，揭示在分析数据中无法看到的痛点，并及时了解客户需求的变化。

您上次使用我们的产品是什么时候？请告诉我您的体验。

告诉我您和您的团队是如何使用我们的产品的。

对于我们的产品，您最大的挫折是什么？

为什么您选择我们的产品而不是竞争对手的产品？

我们的产品在您的日常活动中扮演什么角色？

请向我描述您使用我们产品的典型工作流程。

您是如何发现我们的产品的？

有什么事情可以让您对我们的产品的体验更加愉快？

我们的产品能让您做些以前做不到的事情吗？

您是否考虑过使用竞争对手的产品？为什么选择或不选择？

我们的产品是否帮助您实现工作中的关键绩效指标？如何实现？

您希望我们的产品能够做到但目前还不能做到的是什么？

5. 用户访谈的记录和汇总

要做好用户访谈的记录，需要准备好合适的记录工具，如纸质笔记本、电子表格或专业的用户研究工具。在记录时，使用简洁明了的语言，捕捉关键信息和重要观点，并注意关键细节。使用标记和关键词帮助您整理信息，并直接引用参与者的语言以保持原汁原味的用户语境。同时，记录详细的上下文信息，包括访谈日期、地点、参与者背景和访谈环境等。您可以使用这样的格式进行记录，如表2-3所示。

表2-3　用户访谈记录

访谈信息		
项目名称		
研究员姓名		
笔记记录者姓名		
参与者姓名		
时间		
会话开始		
会话结束		
会话长度		
笔记		
问题	**笔记**	**时间戳**
告诉我您在工作中的角色	以下是访谈的一些笔记。	
告诉我您工作的团队	……	
您上一次执行 活动是什么时候？	……	
您对 活动的最大痛点是什么？		
您目前如何解决这一痛点？		
告诉我您目前是如何解决问题的。		
……		

　　在访谈结束后，将访谈记录整理和摘要，并提取出关键洞察和重要发现，以用户角色、流程图、情感地图等形式呈现。在整个过程中，确保保密性和合规性，遵守数据保护和隐私法规。最后，与设计团队共享记录，并进行讨论和分析，以促进团队的共同理解和决策，如表2-4所示。

表2-4　访谈结果汇总

问题	访谈1	访谈2	访谈3	访谈n
告诉我您在工作中的角色	访谈1的记录	访谈2的记录	访谈3的记录	……
告诉我您工作的团队				
您上一次执行活动是什么时候？				
您对活动的最大痛点是什么？				
您目前如何解决这一痛点？				
告诉我您目前是如何解决问题的。				
……				

（二）实地研究（Field Study）

> "人们所说的、所做的和他们口里说出来的完全不一样。"
>
> —— 玛格丽特·米德（著名人类学家）

在描述和解释自己的行为的时候，人们的回忆往往与真实发生的事情并不完全一致，有时候也无法确切地表述出自己的动机。这很大程度上是民族志研究方法产生的原因。民族志起源于人类学，但已经被广泛地应用于产品设计和开发领域。

实地研究也称作田野调查，是在用户的实际环境 —— 如家庭、工作、商店、银行或医院中进行的研究，研究人员可以深入了解产品或服务在个人生活中的实际作用。实地研究的方法很多，有些是与用户交流和互动，有些则是纯粹的观察。但相对来说，实地研究的主要目的是了解用户在实际的环境中使用产品的过程，因此，尽量多观察，少询问，以防干扰用户，如表 2-5 所示。

表 2-5　实地研究

方法	实地研究
主要目标	深入了解用户在实际环境中使用产品或服务的情境和体验
什么时候使用	发现阶段
参与者数量	1~10 人
时间	几天至几周
准备	研究问题、研究对象、笔记和录音、录像设备

1. 实地研究的作用

（1）获取真实的用户体验

实地研究可以让研究人员亲自观察和体验用户在实际环境中使用产品或服务的情况。这能提供更真实、准确的用户反馈和行为数据，帮助理解用户的真实需求和挑战。

（2）深入理解用户环境

在这种情况下，实地研究又可被称作情境调查（Contextual Inquiry）。实地研究提供了了解用户所处环境、文化背景和日常活动的机会。通过观察用户的工作场所、家庭环境或其他相关场景，研究人员能够获取更深入的上下文信息，这对于设计符合用户需求的解决方案至关重要。

（3）发现隐藏问题和机会

实地研究常常揭示出用户在日常使用中遇到的隐蔽问题和潜在机会。通过观察和与用户交流，研究人员可以发现产品或服务存在的潜在痛点、易用性问题或改进空间，从而指导设计和优化。

（4）建立用户关系和共创机会

实地研究能够建立研究人员与用户之间的密切联系和信任关系。通过与用户亲密合作，研究人员可以与用户共同探讨问题，并以用户为中心进行设计和创新，从而提供更具价值和实用性的解决方案。

（5）补充其他研究方法的局限性

实地研究提供了一种补充其他研究方法的途径。与问卷调查、访谈或实验室测试相比，实地研究更能展现真实的用户行为和情境，弥补了其他方法的局限性，并提供更全面的用户洞察。

2. 如何开展实地研究

在开始实地研究之前，要完成一些准备工作。第一，您需要确定您的研究问题。与他人谈论您的研究项目并咨询不同的想法来源可能会有所帮助。第二，您需要评估您对这个主题领域的了解程度。第三，要考虑实地研究需要获得哪些人的允许，包含主管、门卫、保安等。第四，您需要评估您的时间和资源。您有时间进行研究吗？您有什么类型的资源？您需要什么类型的设备？谁将资助这项研究？在开始研究之前，这些都是需要提出并找到答案的重要问题。做好这些基础工作后，可以按照如下的步骤进行。

（1）确定调查的对象，选择一个研究环境

确定对象时要考虑如下问题：

您的目标市场中有多少不同的用户群？

您如何区分一个用户群和另一个用户群？

您认为每个用户群的使用模式和偏好会有多大差异？

用户群可以按地理位置、人口统计（年龄、性别、收入）或角色进行细分。

不要仅仅调查您的核心用户，还要拜访那些可能已经停止使用您的产品或曾经抱怨过您的产品的人。根据调查的对象，选择一个合适的研究环境。在开始的时候，一个容易适应的环境对您的研究会很有帮助。

（2）获得访问权限

咨询调查对象和相关的群体，获得访问权限。

（3）选择访问的身份

考虑清楚您将以何种形式展开调查，选择一种与他人沟通的角色。您可以选择秘密调查，这种形式获得的信息会更客观。比如，若要调查地铁指示系统的用户体验，您完全可以以普通乘客的身份观察其他乘客的表现 —— 这种方法也称作"墙上的苍蝇"（Fly on the wall）。您也可以选择以公开的研究人员身份出现，可能更容易获得访问的权限。比如，若要研究地铁驾驶仓的界面设计，您就可能必须以研究人员的身份获得地铁运营方面的许可。根据您调查的目的、对象和环境选择适当的形式。

（4）收集和记录信息

在实地研究过程中，记录详细的观察笔记是关键。选择适合您的研究需要的记录工具，如纸质笔记本、电子表格、录音与录像设备等。您应该记录的内容包含以下几方面。

运行描述：这是当天观察的记录。目标是准确记录您所观察到的内容。在实地观察时，您应避免分析人或事件，因为没有时间这样做，而且会干扰您对正在发生的事情的观察。注意观察用户行为、环境细节、情绪表达和交互过程。使用简洁明了的语言，尽可能捕捉到关键信息和感知。记录每个观察事件的时间和日期。这有助于将观察结果与特定的时间段或事件联系起来，并识别出潜在的模式或趋势。记录与观察相关的上下文信息，如地点、环境、人物背景等。这些信息能提供更完整的研究背景，有助于解释观察结果的背后原因。在记录中引用具体的行为和语言示例，以便更好地传达观察到的情况。直接引用参与者的语言可以保持原汁原味的用户语境。

遗忘的片段：这些是您在实地研究时忘记但现在又回忆起来的事件记录。

进一步研究的想法和笔记：这些指的是与数据分析、数据收集、关系推测等相关的即兴想法。这些是您给自己写的笔记，如未来观察的计划、要寻找的具体事物或人物。

个人印象和感受：这些是关于您在实地工作时的主观反应的记录。它们可能提供了一些线索，表明可能存在影响您观察的偏见。

方法论笔记：这涉及与您用于进行研究的技术相关的任何想法。例如，在收集数据时遇到的困难，数据收集技术可能引入的偏见，以及如何进行观察和记录的任何变化。

（5）数据分析

实地研究可以收集大量的材料来描述人们在日常情境中的态度和行为，因此，数据分析和解释可能具有挑战性。您需要理解您的材料。理解的过程是归纳的，应该是从数据中学习，而不是从研究对象的预设概念开始。数据分析也应该在数据收集的同时开始，以便研究人员可以发现额外的主题，并决定是否跟进这些线索进行更深入的调查。Roper 和 Shapira 提出了以下的分析策略。

描述性的类别标签：由于收集的材料是以书面形式存在的文字，必须先将这些文字分组为有意义的类别或描述性标签，然后进行组织以开启比较、对比和识别模式。第一级编码是为了将数据减少到可管理的量。在开始编码过程之前，制定基本领域可以对广泛的现象进行分类，如设置、活动类型、事件、关系和社会结构、一般观点、策略、过程、意义和重复性短语等。

模式排序：下一步是将描述性标签排序或分组为较小的集合。从这些分组中开始形成主题，并形成信息之间可能的联系的感觉。

识别异常值：可以识别与其他发现不符合的案例、情况、事件或环境。在开发研究过程的不同步骤时，应将这些案例牢记在心中。例如，我们是否应该收集更多关于这些案例的信息？

模式和理论：将模式或相关发现与理论联系起来，以理解收集到的丰富而复杂的数据。还需要进行现有文献的回顾。

反思性的备注：备忘录是对数据的洞察或想法。编写备忘录的目的是让研究人员知道是否需要进一步澄清或测试。它还帮助研究人员在整个研究过程中跟踪他们的假设、偏见和观点。

研究可以通过聚类分析（卡片分类）等形式分析文本信息，也可以通过专业的用户研究工具（如 Indeemo、MAXQDA 等）针对视频、音频等多媒体的记录文件综合分析。

最后，需要将观察结果整理成关键洞察和发现的列表，可以使用故事版、照片拼贴、用户角色、流程图、旅程地图等形式呈现研究结果，提取出用户行为、需求、痛点、意见等重要信息，并标注它们的重要性和优先级。

3. 实地研究的问题和局限

首先，平衡参与和观察的要求可能非常困难。随着您越来越熟悉这个环境，对被研究者产生依恋和同理心，建立信任和融洽关系，您可能会更多地作为参与者而不是观察者被吸引到这些人的生活中。当您完全沉浸在一种文化或环境中时，您就有可能改变您观察和参与的事件，甚至可能失去您作为研究人员的角色，从而"本土化"，并过度认同所研究的群体。

其次，实地工作缺乏实验室环境中的结构和控制水平，可能会影响研究的客观性。如果您不小心，您的个人价值观和态度可能会导致偏见。由于收集到的大量丰富数据，您可能也会在数据分析和解释方面遇到困难。实地研究人员还需要知道如何在不安全的环境中保持安全，并应对现场的个人压力和冲突。这些谈判可能非常困难。

最后，由于实地研究的性质，即研究人员亲自参与他人的社会生活，因此，需要考虑伦理困境。保密和隐私问题、无意中暴露自己的身份、不小心参与了非法活动、您与权力或权威精英的谈判，以及您发表的可能真实但不讨人喜欢的实地报告都有可能出现道德问题。

（三）日记研究（Diary Studies）

日记研究是一种用户体验研究方法，参与者在一段特定的时间内（通常是几天到几周）记录他们的想法、经历和活动。日记研究提供了用户行为和态度的自我报告和纵向记录，研究人员随后对其进行分析，以更好地了解习惯和模式。研究参与者可能会被要求在事件发生时记录数据，或者可能会以预定的时间间隔得到提示。这种方法是一种相对简单且具有成本效益的方法，可以了解上下文中用户体验的方式和原因。正因如此，日记研究被称为"穷人的田野研究"。

日记研究是高度结构化的基于实验室的研究和开放式的基于实地观察的人种学研究之间的经济折中，对于从事数字产品的用户体验研究人员来说，日记研究通常是现场实地研究的完美替代方案，如表 2-6 所示。

表 2-6 日记研究

方法	日记研究
主要目标	让参与者记录他们的日常活动、思维过程、情绪状态和事件，深入了解参与者在日常生活中的体验、思考和感受
什么时候使用	发现阶段
时间	几周
参与者数量	10+
准备	研究目标、研究对象、日记格式

1. 日记研究的作用

日记研究是通过研究用户的产品使用日记来收集用户行为、活动和体验的研究方法。日记研究需要参与者记录较长的一段时间里的活动信息，可以了解如下信息。

（1）习惯 —— 对用户来说，典型的工作日是什么样子的？在一天中，他们何时何地接触您的产品？哪些行为是自发的，哪些是有计划的？他们是否及如何与他人共享内容？

（2）使用场景 —— 用户以什么身份参与产品？他们的主要任务是什么？他们完成任务的工作流程是什么？用户在使用您的产品之前或之后会立即做什么？

（3）态度和动机 —— 是什么促使人们执行特定任务？在完成任务或使用您的产品时有何感受？他们为什么要做出某些决定？

（4）行为和观念的变化 —— 系统的可学习性如何？随着时间的推移，客户的忠诚度如何？在与相应的组织接触后，他们如何看待一个品牌？

（5）客户旅程 —— 当客户使用不同的设备和渠道（如电子邮件、电话、网站、移动应用程序、社交媒体和在线聊天）与您的组织进行交互时，典型的客户旅程和跨渠道用户体验是什么？用户会体验到哪些痛点和爽点？

由于日记研究需要用户长时间参与，因此，研究者需要定期提醒用户按既定方式记录好日记；为了确保他们的积极性，往往需要提供阶段性的报酬。日记研究可能比其他用户研究方法需要更多的时间和精力来进行，但它们会产生有关用户现实生活行为和体验的宝贵信息。

2. 何时使用日记研究

当您处于产品或项目的早期"发现"阶段时，这种方法尤其有用。您可以使用日记研究来了解用户当前用于解决问题的流程，查看您想要创建或替换的产品，或者更好地了解您想要解决的痛点的确切层次。日记研究对于测试早期产品或原型也很有用，以便在改变构建过程变得过于繁重之前确定任何必要的更改。日记研究在开发周期的最后阶段也很有用。在这些后期阶段，您可以深入了解用户体验，看看您的产品是否以预期的方式处理，以便对细节进行微调。

3. 如何开展日记研究

（1）明确研究目标

和所有的用户研究一样，您首先要明确研究目标并制订好研究计划。通常，日记研究主要用于研究如下几方面内容。

①产品或网站（如，了解应用程序的所有交互）。

②行为（如，智能手机使用的一般信息）。

③一般活动（如，人们如何购买食品杂货）。

④特定活动（如，人们如何使用特定应用程序购买食品杂货）。

（2）选择日记研究的形式

日记研究可以采用线下手动记录的方式，也可以采用线上填写电子表单的方式。手写的记录方式成本低，对用户来说操作比较简便；但相对应地，研究者需要在后期将其转换为电子格式的文本。线上电子表单的方式能够记录更丰富的内容，包括文本、照片、视频及音频等，能够拓展研究的内容和维度，但是需要参与者具备充分的设备环境，包括电脑、手机、照相机等，有可能会影响参与者的正常活动。您可以根据您的研究目标及相关条件选择合适的研究形式。

（3）选择日记研究的结构

日记研究可分为自由开放式和结构封闭式两种。自由形式或开放式日记类似于个人日记。自由形式的日记非常松散，受试者决定如何及何时记录反馈。风险在于参与者可能没有包含您需要的信息，或者可能包含太多信息。

结构化或封闭式的日记更像是一项调查，需要参与者在约定的时间记录规定的问题。因为参与者之间的格式是一致的，所以结构化日记更容易分析。

您也可以选择结合两种方式，一方面能够展开开放式的交流，另一方面又有对特定问题的精确回答。

（4）制订研究计划

制订好日记研究的实施计划，明确研究内容、形式、结构以及日程安排，如表 2-7 所示。

表 2-7　关于星球咖啡 APP 的日记研究计划

日期	内容
第一天	线下或线上与每位参与者会面 15 分钟。给他们讲解研究的过程，建立融洽的关系，并主动回答他们关于研究的任何问题。每位参与者都会得到一张礼品卡来购买他们的咖啡 　参与者开始日记研究。他们收到第一份问卷，询问他们是如何选择咖啡的，问题包括： ·您选了哪种咖啡？ ·您为什么选择那种口味？ ·您选的那袋咖啡看上去是什么样子的？ ·您会如何描述所选择的咖啡的味道？ ·您花了多长时间才选择一种口味？
第三天	参与者收到咖啡。他们收到第二份问卷，询问关于咖啡的体验。问题包括： ·您收到咖啡时感觉如何？ ·从收到咖啡到喝第一杯咖啡，您花了多少时间？ ·您的新咖啡是怎么储存的？ ·如果您已经尝过一些咖啡，您的印象是什么？ ·咖啡是您想要的吗？ ·收到咖啡的过程中有什么不愉快的地方吗？
第五天	研究人员给参与者提醒，即将给他们第三份问卷，提醒他们注意研究的进程

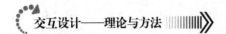
续表

日期	内容
第六天	参与者收到第三份问卷，询问他们对这次经历的感受 问题包括： ·请描述从星球咖啡 APP 购买和接收咖啡的经历 ·您喜欢收到的咖啡吗？ ·您收到的咖啡尝起来像什么（咖啡之外的味道）？ ·您收到的那袋咖啡是什么样子的？
第七天	再次与每位参与者会面，听取反馈。会前查看每位参与者的日记，讨论任何突出的内容或您需要更多信息的内容。向参与者发布激励措施，并感谢他们的时间和投入

（5）执行计划

招募合适的研究对象，并执行计划。将收集到的不同参与者的问卷整理到一起，形成容易比较、分析的表格档案，为进一步的分析和研究打好基础。

（6）分析调研结果

将您的原始数据（日记、汇报记录及您收集的任何其他信息）转化为您可以使用的见解。如果日记是手写的或录音的，分析的第一步是日记转录成可以使用电子表格或专业软件进行分析的格式。接下来，要重新审视您的研究问题。日记研究创造了很多（大量）定性数据，在您挖掘时可能会遇到有趣的信息，很容易迷失方向。明确您的研究问题和研究目标，并将最初的分析重点放在首先回答这些问题上。

在日记研究分析中要问的问题包括：

①目标行为是如何随着时间的推移而演变和变化的？

②是什么影响某些行为或决策？

③观察到的参与者的流程有哪些相似之处和不同之处？

最后，将用户的流程和分析中发现的痛点、需求等事项通过用户旅程图等形式呈现并分享给团队。

（四）焦点小组（Focus Groups）

焦点小组是一种研究方法，通过邀请一组具有共同兴趣、经验或特定特征的参与者集中讨论特定话题或主题。在焦点小组中，参与者被鼓励自由发表观点、分享经验和互相交流，从而提供深入的洞察和理解。焦点小组通常由一个主持人或研究者引导，他们设定议题、提问和促进讨论。小组成员之间可以互相启发、争论和补充，形成一种集体的思维和共享经验的氛围。

1. 焦点小组的特点

焦点小组通常有以下特点：

（1）小规模参与者：焦点小组的参与者通常是6~10人，人数不宜过多，以保证每个人都能充分参与讨论。

（2）特定主题：焦点小组围绕特定的主题或研究问题展开讨论，旨在深入探索参与者对该主题的看法、观点和经验。

（3）开放性讨论：焦点小组鼓励自由讨论和开放性表达，参与者可以互相启发、分享见解和提出问题。

（4）主持人引导：主持人负责引导焦点小组的讨论，确保每个参与者都有机会表达自己的意见，并促进讨论的深入和有价值的内容。

焦点小组作为一种定性研究方法，可用于收集参与者的观点、态度、偏好、需求等信息。它可以提供深入的洞察，帮助研究者了解用户需求、产品体验、市场趋势等，从而指导产品设计、市场营销和决策制定，如表2-8所示。

表2-8 焦点小组

方法	焦点小组
主要目标	在一组参与者之间进行有针对性的集体讨论，以了解他们对特定话题、产品、服务或概念的观点、经验和意见
什么时候使用	发现阶段、测试阶段
时间	1~2小时
参与者数量	6~10人
准备	研究目标、参与对象、讨论指南、场地和记录设备

2. 焦点小组的作用

焦点小组是一种很好的方式，可以引导参与者讲出在访谈或调查中可能不愿意或无法分享的想法和信息。被一小群同龄人包围会让许多人更舒服，更愿意谈论即使是敏感或个人的话题。小组成员之间的互动可以带来以前没有意识到的想法，或者只是被认为是理所当然的想法。团队成员的热情或冷漠、同意或不同意的态度，可以揭示某个因素对你的开发团队有多重要。

具体来说，焦点小组的作用包括以下几方面。

（1）深入了解用户观点和体验

焦点小组通过集中讨论和互动，提供了深入了解用户观点、态度、偏好和体验的机会。参与者可以自由发表意见，分享经验，帮助研究者和设计者更好地理解用户需求和行为。

（2）探索用户需求和期望

焦点小组可以帮助研究者发现用户的真实需求和期望，而不仅仅是依靠问卷调查或定量数据。参与者的互动和讨论能够揭示出背后的动机、价值观和情感因素，从而更全面地了解用户需求。

（3）收集多样化的观点

焦点小组通常由来自不同背景、经验和观点的参与者组成，因此，可以收集到多样化的观点和见解。这有助于发现不同用户群体之间的差异、共性和潜在机会。

（4）发现新的洞察和理解

焦点小组提供了一个创造性的环境，参与者可以共同探索新的概念、想法和解决方案。通过讨论和互动，可能会出现意外的发现和深入的理解，为研究和设计带来新的启示。

（5）促进团队合作和共识

焦点小组可以作为一个团队合作和决策制定的工具。团队成员可以参与观察和讨论，共同分析和解释数据，从而促进共识的形成和团队对于用户需求的共同理解。

3. 焦点小组的问题和局限

（1）小样本问题

焦点小组的参与者通常只有 6~10 人，这样的样本量相对较小，可能无法代表整个目标用户群体的多样性和差异性。因此，焦点小组的结果可能不具备统计学的代表性。

（2）依赖于主持人的技巧和引导

焦点小组的成功与否，很大程度上取决于主持人的技巧和引导能力。主持人需要善于引导讨论，平衡参与者之间的发言机会，以及识别重要的观点和洞察。如果主持人不恰当或主导性太强，可能会影响小组的动态和结果。

（3）无法捕捉实际行为

焦点小组主要侧重于参与者的观点和意见，而较少关注实际行为和使用情境。因此，它可能无法提供关于用户实际行为和体验的全面了解，而只是提供了一种主观的视角。

（4）可能受到社会期望的影响

焦点小组中的参与者可能会受到其他参与者的影响，或者试图提供符合社会期望的回应。这可能导致结果存在偏差，不够真实和客观。

4. 何时使用焦点小组

尽管有一些缺点，焦点小组仍然是有价值的用户研究方法，小组的形式是了解态度的好方法，因为对话可以揭示一对一采访可能无法揭示的东西。

①可以在研究项目的早期阶段确定或澄清研究问题。

②可以深入了解人们如何在集体环境中谈论问题、产品或共享经验。

③在用户使用原型后了解他们的意见、态度和偏好。

5. 焦点小组的引导问题示例

在焦点小组中，主持人通过适当的问题引导小组讨论是至关重要的。以下是一些简单的例子。

（1）热身问题

总是以一些基础性的问题开始。保持轻松，让参与者彼此相处融洽。

①上周末您做了什么？

②您做什么工作？

③您一天中最喜欢的时间是什么？

（2）发现和使用情境问题

①广泛了解参与者的动机、需求和意见。

②给我们讲一个你上次使用 ×× 的故事。

③成为角色属性最难的部分是什么？

④想想您上一次使用 ×× 是什么时候。您感觉怎么样？

（3）可用性和交互问题

如果您在可用性测试后组织一个焦点小组来收集原型或产品的反馈，可以问一些开放式的问题，比如：

①您如何描述这款应用的初使用体验？

②这次经历让您最沮丧的是什么？

③您觉得哪个版本的支持页面更容易导航，为什么？

④有什么事情分散了您的注意力或妨碍了您完成任务吗？

（4）观点性问题

了解参与者对设计或体验的意见，并评估其是否令人满意。

①您如何描述此产品？

②您能想到您过去用过的类似产品吗？它们如何比较？

③哪些变化会使这款产品更具吸引力？

6. 焦点小组的活动

除了问题和讨论，焦点小组可以进行其他类型的研究活动，为研究添加多样性并生成更丰富的研究结果。活动可以包括以下方面。

（1）角色扮演：在某些情况下，可以要求参与者扮演特定的角色，以模拟真实的情境。通过角色扮演，可以更深入地了解参与者的观点和行为，并探索潜在的解决方案。

（2）任务和活动：设计特定的任务或活动，以促使参与者展示他们在使用产品或服务时的行为和反应。这可以包括使用原型、进行模拟活动或解决问题的小组任务等。

（3）反馈收集：向参与者展示设计原型、概念或其他材料，并收集他们的反馈和意见。询问他们对产品功能、界面设计、使用体验等方面的看法，以获得关键的用户洞察信息和建议。

（4）绘制草图：使用绘制草图的方法来激发参与者的思考和讨论。这些方法可以帮助参与者更具体地表达他们的想法和情感，从而产生更丰富的数据。

（5）卡片排序和分类：要求参与者将相关的观点、需求或概念进行排序或分类。这可以帮助识别重要性、优先级或相关性，并促进参与者之间的讨论和协作。

（6）观察和记录：除了讨论，还可以观察参与者的行为、表情、体态等非言语信号，并进行记录。这有助于获取更全面和准确的数据，并捕捉参与者在讨论之外的信息。

（7）反思和总结：在焦点小组结束时，与参与者一起进行反思和总结。鼓励他们分享对讨论过程的感受、新的洞察和其他思考。这可以提供更多的参考和深入理解。

7. 如何开展焦点小组

（1）明确研究目的

确定开展焦点小组的目的和研究问题。明确您希望了解的内容，以及焦点小组在研究中扮演的角色。

（2）确定参与者

选择适合研究目的的参与者。参与者应代表目标用户群体的特定特征和背景，以确保获得多样化和有意义的见解。招募参与者可以通过筛选调查问卷、个别访谈或使用特定的标准进行。

（3）制定讨论指南

准备讨论指南，该指南包含一系列问题或主题，用于引导焦点小组的讨论。确保问题具有开放性，鼓励参与者自由发表观点和经验。同时，确保讨论指南与研究目的紧密相关。

（4）安排场地和时间

选择适当的场地和时间来进行焦点小组。场地应提供舒适的环境，便于参与者互动和讨论。确保时间安排充足，以便进行深入的讨论。

（5）主持焦点小组

由一位经验丰富的主持人主持焦点小组。主持人应具备引导讨论、管理小组动态、促进参与和记录数据的能力。他们还应确保参与者的平等参与和尊重。

（6）记录数据

使用适当的方法记录焦点小组的数据。可以使用录音设备进行录音，并同时采用笔记或观察的方法记录。确保捕捉重要的观点、见解和互动。

（7）数据分析和解释

对焦点小组的数据进行分析，提取关键主题、洞察信息和模式。根据研究目的和问题，对数据进行解释和归纳，并生成有关用户需求和行为的有意义的结论。

（8）撰写报告或分享结果

根据分析的结果，撰写研究报告或准备分享结果的演示文稿。确保将焦点小组的发现与其他研究数据结合，提供全面的洞察信息和建议。

（五）卡片分类法（Card Sorting）

卡片分类法是把产品相关信息写在便签卡上或便利贴上，然后让参与者以对他们最有意义的方式组织它们（分类及排序）。卡片分类提供了对用户心理模型的可见性，以及他们对事物如何工作的思考过程，或者更深入地了解他们认为它应该如何工作。卡片分类主要用于信息架构的设计，可以在用户的参与下制定导航、分类和标签。

卡片分类法和亲和图法的操作过程基本一致，区别在于卡片分类法是由用户参与，获取用户对信息架构的理想方案；而亲和图法的主要参与者是研究团队，用于分析可用性研究中采集到的信息，将用户的想法等内容通过分类、排序的方式进行梳理，从而获得可用性的见解，如表 2-9 所示。

表 2-9　卡片分类

方法	卡片分类
主要目标	让参与者对信息卡片进行分组和排序，了解他们的心理模型，用于生成可用的信息架构
什么时候使用	概念设计

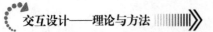

续表

方法	卡片分类
时间	30 分钟 ~1 小时
参与者数量	15~20 人
准备	参与对象、信息卡片

1. 何时使用卡片分类

卡片分类法是一种生成性（而非评价性）研究方法。卡片分类不能告诉您现有网站或产品有什么问题，相反，它在项目的初始阶段最有用，可以帮助您了解目标用户的心理模型，这样您就可以获得以下信息。

（1）识别人们如何对不同的想法、主题和概念进行分类。

（2）确定人们如何组织特定的项目，如图标、图像和菜单项。

（3）比较不同的用户组（如普通用户与管理员用户）如何组织相同的信息。

（4）从定性数据中揭示主题和模式。

2. 如何开展卡片分类

（1）准备好分类工具

可以选用实物卡片，线下实施。线下卡片分类的优点是简单便捷、成本低，研究者还可以在测试过程中同时完成其他形式的研究，如用户访谈、可用性测试等；缺点是研究者需要做好所有参与者卡片分类的记录，并进行统计分析工作，工作量较大。

如果你需要远程和其他人合作研究，或者需要更便捷、便于保存的形式，那么线上工具可以帮助你，你可以使用以下电子白板平台。

① Miro（https://miro.com）；

② Mural（https://www.mural.co/）；

③ Microsoft Whiteboard（https://www.microsoft.com/zh-cn/microsoft-365/microsoft-whiteboard/digital-whiteboard-app）；

④ Figjam（https://www.figma.com/figjam/）。

还可以采用如 Optimal Workshop 的专业用户研究工具。线上操作的优点是测试时间和地点相对好协调，无须参与者到某个场地，专业工具中的数据分析功能还能自动生成测试的结果；缺点是个别的线上平台需要付费使用，成本相对线下要高。

需要注意的是，用于测试的卡片数量不能太多，太多的卡片会给造成参与者压力，可能导致不严谨的研究结果。

（2）分析掌握的信息

在进行卡片分类前，您需要对产品有初步的分析，通过头脑风暴将产品可能有的信息内容列出来。如果您没有使用 Optimal Workshop 等专业平台，也可以使用 Excel 进行数据整理和分析，先将所有信息类目填入该 Excel 表中的第一个标签页中。然后根据这些内容制作卡片，将每个内容写在一张卡片上。

（3）选择合适的卡片分类方法

卡片分类大致有三种方法，分别为开放式、封闭式和混合式。

①开放式卡片分类：每个参与者都拿到一叠卡片，自由对这些卡片进行分组，分组完成后还需要对每个分组命名。参与者对命名没有任何限制，可以选择自己熟悉或喜欢的名称。通过分析参与者的分组和命名，可以了解用户的心理模型，并创建符合用户需求的信息架构。

②封闭式卡片分类：由研究人员创建类别标签，要求参与者将卡片分到相应的类别中。这种方法适合对功能优先级进行排序，如测试过程中可以让参与者按需求程度，对类别及每个类别中的卡片进行先后排序，可以帮助我们按功能的优先级规划信息架构。

③混合式卡片分类：参与者可以将卡片分类到已有的类别中，也可以自行创建新的类别。这种方法可以检验研究者的分类是否能够符合用户的预期，也能够检查是否有遗漏的类别。

（4）招募参与者

参与者越多，研究结果就会越有效，但是相应地会带来更多的数据处理和研究成本的压力。根据 Tullis 等人的研究，参与者超过 20 人后，研究将不具备成本效益。Jakob Nielsen 建议，卡片分类最好能测试 15 个用户，可以达到 0.9 的相关性。

（5）开始卡片分类

分类过程中需要注意以下两点。

首先，每张卡片只能在一个分类中。如果用户认为其中的一张卡片可以在多个分类中出现，可以暂时记录下他的想法。

其次，本轮分类只针对一个层级。如果用户想在某个类别下继续分组，也可以暂时记录下他的想法。

分类结束后，将所有参与者的结果统计下来。

（6）统计数据

①粗略分析

A.创建矩阵

创建一个新的表格，将所有卡片填入第一列，所有类别填入第一行，统计每个卡片被多少参与者分入到该类别。

B.计算百分比

数据统计完成后，用百分比替换原始的数字。计算方法为将数量除以参与者的总数。为了有更高的分析效率，您可以设定一个阈值，低于该阈值的可以从表格中删掉。

C.将卡片分组

根据所有组中所占百分比最高的卡片重新排序。先确定每张卡片应该被分配到哪个组中。比如，"25.鲜三文鱼"被73%的参与者分到了"鱼"中，被27%的参与者分到"新鲜"中，那么"鲜三文鱼"应该被分到"鱼"的分类中。将每个卡片的最高值填上颜色背景，可以方便观察。再将各组内的卡片进行排序。比如，"蘸料"中分到了"23.番茄酱"和"5.豆泥"，按数值大小将它们进行前后排序。最终生成这样的表格，我们也就得到了本轮卡片分类的结果。

②自动分析

粗略分析的方式适合数据量较小的卡片分类，如果你测试的卡片数量及参与者数量都非常多，可尝试使用现有的软件或平台工具。

A.CSA 线上工具。格拉茨科技大学（Graz University of Technology）发布了一款线上工具 CSA，可对上传的数据集进行分析，自动生成卡片分类的分析结果，如相似度矩阵、树状图等。要使用此工具，您需要将卡片分类数据整理成表格，第一行输入所有的卡片内容，第二行起每行输入一位参与者的分类结果，如图 2-2 所示。

	A	B	C	D	E	F	G	H	I	J	K
1	苹果	香蕉	面包	鲜牛奶	豆泥	干猫粮	罐装猫粮	干狗粮	罐装狗粮	厕纸	番茄汤
2	水果	水果	必需品	必需品	蘸料	宠物	宠物	宠物	宠物	必需品	包装食品
3	新鲜	新鲜	新鲜	新鲜	蘸料	宠物	宠物	宠物	宠物	盥洗室	罐装
4	果蔬	果蔬	面包	茶、咖啡	零食	宠物	宠物	宠物	宠物	盥洗室	烹饪用品

图 2-2　数据统计

表格统计完成后，将其导出为"，"格式的 csv 格式文件，并将其上传至 CSA 工具中。此时您可以在各个标签页中查看统计分析的结果。

B.Excel 模版。*Card Sorting: Designing Usable Categories* 的作者 Donna Spencer 提供了一个可用于分析卡片分类数据的 Excel 表格，通过该表格也可以进行诸如关联度的统计。

（7）分析数据

上面我们提到的百分比数据树状图、相似度矩阵等可视化工具可以帮助我们分析卡片分类结果。但是需要注意的是，所有的量化分析结果，都只能作为我们最终信息架构设计的参考。除了对卡片分类数据的分析，我们还应该对分组、命名、组织体系等做更深入的探索性分析。

①组别分析

由于卡片排序的主要用途之一是确定一组内容中存在哪些组，因此，探索性分析的主要部分是查看人们创建的组。统计表中数值越高，就代表越多的参与者对本卡片的分类持相同意见。数值比较低的网格，代表对应的卡片命名有问题，参与者不理解，或者这张卡片不适合与其他任何卡片同组。

此外还请注意以下细节。

A.参与者实际创建的组别；

B.是否每个人创建的组别都差不多，或者存在很多区别；

C.哪些符合您的预期；

D.有哪些出乎您的预料。

这些情况有助于您理解您的预期和用户心理模型之间的距离，在实际制定信息架构时，可适当参考用户的想法。

②标签（分组命名）分析

第二种分析方法是检查所有参与者对卡片的分组及分组命名，这可以帮助您理解用户对本卡片的看法。这个过程不代表您需要吸收所有的意见，但它们能够帮助您拓展思路，对用户及产品有更深的理解。

分析过程中需要注意如下几点。

A.相似性。相似的命名代表了不同的参与者对卡片的理解是一致的，如果多数参与者对同一个卡片的命名的相似性很高，那么您基本就可确认本卡片的分组。如图 2-2 中的"1.苹果"卡片，被不同的参与者分别分到"水果""新鲜""果蔬"的组中，其中，"水果""果蔬"的分组及命名非常相似，代表这个命名方向是值得选择的。

B.差异性。例如，20 项"洗涤剂"的分组有"清洁用品""洗涤"和"厨房"。其中，"厨房"

和另外两项的差异性较高，代表了不同的分组思路。您需要认真对照两种不同分组的差异。

C. 书面化或口语化。有时候人们会使用书面化的标签（如"个人护理"），有时候又会使用口语化的标签（如"新鲜"）。不同类型的分组命名除了在表意精确上的差别外，最重要的是体现了产品的风格定位。如果多数用户都喜欢用口语化来分组命名，可能代表该产品在用户心目中是生活化的、日常化的。

③组织体系分析

通过对所有参与者的分组方案分析，可以了解不同用户所期望的组织体系。比如，在电影网站上，有些用户希望按国别、类型、年代等分类和排序，也有些用户希望按评分、热度等分类和排序。大多数情况下，您不会看到一个统一的组织体系方法，每个不同的组织方法都代表一类用户的心理模型。您可以有针对性地对一些参与者做更深入的访谈，了解他们的想法。

（六）文献综述研究（Literature Review）

文献综述研究通过收集、评估和综合现有的相关研究文献来了解特定领域的知识和见解。它可以为用户研究提供理论基础和背景，并帮助研究者获得对特定问题的深入了解。

文献综述研究从现有的文献中获取知识，能够最大限度地降低研究成本，帮助研究者快速了解特定的主题。通过文献综述研究，可了解执行更多研究的必要性，也可避免后续研究中可能出现的"新手错误"。总之，文件研究有助于团队在有限的时间和资源下避免"重新发明轮子"的问题。

1. 何时使用文献综述研究

通常来说，文献综述是所有用户研究的第一步。通过文献综述了解相关议题的基本背景和研究现状，有助于形成对本领域的宏观认识，确定进一步研究的方向和目标。

文献综述也可在用户研究的过程中及之后使用，用于求证研究方法或研究结果的正确性。

2. 如何开展文献综述研究

（1）确定研究目标

明确您的研究目标和问题，以便筛选和选择相关的文献。

（2）收集文献

使用学术数据库、图书馆资源或在线平台等，收集与您的研究主题相关的文献。关键词搜索、引用链追踪和专家推荐都是常用的文献收集方法。

（3）筛选文献

阅读文献的标题、摘要和关键词，以确定其是否与你的研究问题相关。根据预先设定的包含和排除标准，筛选出符合要求的文献。

（4）阅读和评估文献

仔细阅读选定的文献，并评估其质量、可靠性和适用性。注意文献的研究方法、样本规模、数据分析和结论，以及作者的资质和背景。

（5）提取和整理信息

从所选的文献中提取关键信息，如理论框架、研究结果、洞察和观点。使用分类、主题或时间线等方式组织和整理提取的信息。

（6）分析和综合

对提取的信息进行分析和综合，发现其中的模式、趋势和共识。识别不同研究之间的差异、一致性和相关性，并推导出结论和洞察。

（7）撰写文献综述报告

将分析和综合的结果整理成一份完整的文献综述报告。报告应包括以下几方面。

①介绍主题并提供背景

A. 您为什么进行此综述？

B. 您希望学到什么？

C. 综述中包含哪些内容，哪些内容未包含？

②总结来源并归纳共同主题

这些主题和见解可以按时间、主题、方法或理论进行组织，您可以选择对研究项目有针对性的形式。

③找出重要的差距或偏见

A. 您所综述的研究的主要局限性是什么？

B. 您还有什么问题？

④概述未来研究的新问题或领域

A. 既然已经完成了文献综述，接下来需要做什么？

B. 综述中发现的信息如何影响未来的决策？

五、评价性研究

评价性研究旨在评估产品、服务或设计的效果、可用性和用户满意度。它是对已有解决方案或设计进行评估和验证的过程，以确定其是否满足预期目标、需求和标准。评价性研究的主要作用体现在以下几方面。

（1）效果评估

评价性研究可以评估产品或设计解决方案的效果，如其功能、性能和实用性。通过用户测试、可用性评估和比较分析，可以了解产品在实际使用中的表现和用户体验。

（2）用户满意度

评价性研究可以测量用户对产品或设计的满意度和偏好。通过定量和定性的用户反馈、调查问卷和访谈，可以了解用户对产品的喜好、意见和建议。

（3）问题识别和改进

评价性研究可以帮助识别产品或设计中存在的问题和瓶颈，并提出改进的建议和解决方案。通过发现用户在使用过程中遇到的障碍、困惑或不满，可以推动产品的迭代和优化。

（4）符合需求和目标

评价性研究可以验证产品或设计是否满足商家的预期目标。通过版本比较、用户反馈、营业数据等内容的研究，可以了解产品是否达到预期效果。

（5）反馈循环闭合

评价性研究可以提供反馈循环的机会，将用户的反馈和洞察信息直接反馈给设计团队或决策者。这有助于促进持续的改进和迭代，确保产品与用户的期望和需求保持一致。

评价性研究的目标是提供有关产品或设计质量和用户满意度的定量和定性数据，以指导设计决策和改进过程。通过评价性研究，可以减少风险、提高产品成功的可能性，并增强用户体验。

（一）树状测试（Tree Testing）

重叠的信息类别和混乱的标签是网站和产品设计中最普遍的两个问题。幸运的是，您可以使用一些快速有效的技术来创建对您的受众来说有意义的类别和标签。最著名的技术可能是卡片排序，即给用户一个有代表性的内容列表，让他们按照自己的想法进行分组和贴标签。卡片分类对于了解您的受众如何思考是非常有价值的，但它不一定能产生您应该遵循的确切分类方案。例如，参与卡片分类的人经常创建一个通用的类别来容纳一些似乎不适合其他地方的项目，但如果您真的在您的菜单中包括一个"其他"的类别，会产生

糟糕的后果 —— 网站访问者不愿意点击模糊的标签，因为他们有理由怀疑他们必须做大量的工作来筛选内容。

为了获得最好的结果，在卡片分类之后应该进行树状测试来评估建议的菜单结构。树状测试评估了一个分层的类别结构，或称树状结构，让用户在树中找到可以完成特定任务的位置。树状测试允许对菜单类别和标签进行简易而有效的可用性测试。

树状测试只关注评估信息类别与标签。这既是它的巨大优势，也是一个重要的弱点。由于用户与之交互的菜单完全没有视觉风格和内容，因此，其体验与完整设计的交互有很大不同。但是菜单树测试可以在设计早期就能快速评估信息层次的主要结构，还是很有价值的。您可以通过编辑您的电子表格来创建一个全新的菜单树来测试，完全不需要设计或编码，如表 2-10 所示。

表 2-10　树状测试

方法	树状测试
主要目标	测试菜单的可用性
什么时候使用	概念设计
时间	30 分钟 ~1 小时
参与者数量	10 人及以上
准备	参与对象、测试任务、菜单

1. 工具和方法

树状测试可以采用纸质原型，让参与者指点打印或绘制出来的菜单树，以完成测试。目前还有一些专门的树状测试平台（如 Userzoom、Treejack 等），可以记录操作流程并分析测试结果，能有效提升测试效率，如图 2-3 所示。

图 2-3　Treejack 的测试过程和测试结果

2.任务设计

在测试之前，您需要为树状测试设计系列的任务。理想情况下，您应该包括针对以下的任务。

（1）关键的产品目标和用户任务，如在产品中购买一个商品。关键任务的成功率可以作为一个基准，来比较次要的任务，并作为未来测试的参考点。

（2）潜在的问题领域，如利益相关者或卡片排序的参与者可能会提出的新的类别标签。

（3）同一类别可替换的标签和位置。对于您的每个任务，您也应该定义正确的答案。这些信息允许测试工具自动计算每个任务的成功率。

每个任务都应该要求用户找到菜单树中包含的内容来测试菜单或标签。与可用性测试任务一样，树状测试的任务说明应避免使用会泄露答案的术语。有时可以通过描述场景和动机来防止启动，但也要记住，用户可能不会仔细阅读说明，如果他们被冗长的故事所掩盖，很容易错过重要的细节。例如，这里是三个评估某地政府网站中关于"创业"内容的测试任务。

①查找有关创业的信息。

②您明年将搬到××，到了那里之后，您想开设一家社区团购的副业来增加收入。找出您需要遵循哪些规定。

③您正在考虑开设社区团购服务。看看这个网站上是否有任何资源可以帮助您开始这个过程。

第一个示例中包含了确切的标签术语"创业"，这给了测试者直接的答案；第二个任务很长，充满了无关的信息，如果用户快速浏览，他们可能很容易弄错任务的重点；第三个示例选择避免了标签术语和误导性细节，是比较恰当的任务描述。

3.测试指标

树状测试通常统计测试中的量化指标，用于测试菜单和导航系统被用户所理解的程度及导航的效率，可以统计如下数据。

①成功完成每项任务的测试人员的百分比（"成功率"）。

②成功完成每一项任务，没有做出错误猜测的测试人员百分比（"直接性"）。

③每项任务所需的平均时间（"时间"）。

④每个任务中，大多数测试人员首先点击的位置（"第一次点击"）。

⑤大多数人完成每个任务的地方，他们的最终答案正确与否（"目的地"）。

　　根据测试结果，我们可以检验菜单和导航的设计是否符合用户的心理模型。例如，如果一个任务的成功率过低，那么证明和任务相关的标签都需要系统的调整。我们还可以通过不同测试数据之间的配合来分析。例如，假设一个任务的成功率高、直接性低，这表明用户需要多次尝试才能完成任务，这个过程中他也会感到沮丧，我们就需要调整导航和菜单的文案，采用更常规的、用户更熟悉的说法。

　　需要注意的是，不同任务之间无法直接比较。例如，如果一个任务至少需要五次点击，而另一个任务只需要两次点击，那么它们的所需的时间当然不具有可比性。相反，我们可以在同一个任务的不同的版本中进行测试。例如，任务的目标是在电商产品中找到某款产品，如果一个版本需要 30 秒，另一个版本需要 10 秒完成，我们自然就会知道最佳的导航和菜单方案是哪个。

（二）首次点击测试（First Click Testing）

　　首次点击测试是通过验证用户在界面上执行给定任务的第一次点击是否清晰、容易来衡量网站、应用程序或设计的可用性的方法。

　　用户体验设计师和研究员 Bob Bailey 在美国疾病控制和预防中心网站（CDC.gov）以及多个美国政府网站的可用性测试中，尝试使用了首次点击测试。对可用性数据分析研究证明，如果用户的第一次点击是正确的，那么整个场景的正确概率是 0.87；如果第一次点击不正确，则整个场景的正确率只有 0.46。这意味着如果参与者首次点击选择了正确的功能或组件，他们完成任务的成功率是首次点击错误的两倍。

　　首次点击测试相对其他可用性测试来说要更简单。在测试中，可分配给参与者一项任务（例如，"您会点击哪里购买该产品？"），然后显示一个界面，参与者单击该界面可以完成任务。测试需要记录参与者点击的位置，以及点击花费的时间。在测试结束时，还可以通过要求参与者解释他们为什么点击了那里来收集进一步的反馈，如表 2-11 所示。

表 2-11　首次点击测试

方法	首次点击测试
主要目标	测试用户界面的可用性
什么时候使用	设计阶段、测试阶段
时间	30 分钟 ~1 小时
参与者数量	10 人及以上
准备	参与对象、测试任务、产品界面、记录及计时设备

测试可以在上线的产品、功能原型甚至线框图上完成，也可以通过在线测试工具（如Chalkmark、Usabilityhub）上传产品设计稿或截图，记录用户的首次点击位置，然后分析设计效果。

首次点击测试能够收集有关用户期望的数据，还可以帮助确定菜单和按钮的主要位置。通过测量用户做出决定需要多长时间，可以了解网站设计和导航结构的直观程度。

将参与者点击位置可视化可以让人对设计有深刻的了解。在意想不到的地方发生的单击可以突出界面中令人困惑的部分，也可能暗示着用户的期望，有助于未来的设计选择。

注意事项

1. 编写清晰的任务场景 —— 就像脚本可用性测试一样，确保参与者在思考如何解决问题，而不仅仅是点击哪里。

2. 定义完成任务的最佳路径 —— 使用流程图绘制所有正确完成每项任务的路径。

3. 给每个任务计时 —— 点击位置是否正确不是唯一的评估指标，如果用户使用 3 分钟才能找到正确的按钮，那么设计也可以视为是失败的。

4. 用户信心评估 —— 在每个任务完成后，您可以让参与者对他们完成任务的信心进行 1~7 分的评分。若评分小于 4 分表明产品导航的设计是有问题的。

5. 测试完成后，可以问一些开放式问题，比如用户喜欢和不喜欢产品的什么。这有助于您深入了解用户的想法。

（三）可用性基准测试（Usability Benchmark Testing）

可用性基准测试是通过使用指标来衡量产品或服务的用户体验的方法。基准测试是一种评估产品整体性能的方法，一般可以在一个设计周期结束、下一个周期开始之前进行。比如，第一个版本的产品发布之后，利用基准测试了解产品的性能，并分析下一个版本需要修改和完善的方面，如表 2-12 所示。

表 2-12 可用性基准测试

方法	可用性基准测试
主要目标	评估产品或系统的可用性水平，并与已确定的基准标准进行比较
什么时候使用	测试阶段
参与者数量	5~15 人
准备	研究目标、参与对象、测试任务、记录及计时设备

1. 选择测量内容

进行基准测试之前，首先要确定测试内容，不同的测试内容对应了不同的可用性指标。测试内容主要考虑三个方面：针对的产品、针对的用户群、要衡量的任务或功能。根据这些内容可以列出系列的测试任务，然后根据任务的优先级选择 5~10 个最重要的任务，如表 2-13 所示。

表 2-13　不同产品的测试任务

产品	可能的任务
智能音箱应用	设置新的智能音箱
电子商务网站	通过"一键购买"进行购买
手机银行	更新联系信息
B2B 网站	提交潜在客户表格
手机益智游戏	解决一个难题

确定好任务后，可以根据 Google 的 HEART 框架选择每个任务的测试指标。HEART 提供了五个方面的测试指标，如表 2-14 所示。

表 2-14　Google HEART 框架

	说明	指标例子
乐趣（Happiness）	衡量用户态度或看法	满意度评级 易用性等级 净推荐值
参与（Engagement）	用户参与级别	完成任务的平均时间 功能使用情况 转化率
接受（Adoption）	对产品、服务或功能的初步接受	新账户/访客 销售量 转化率
留存（Retention）	现有用户返回并在产品中保持活动状态的状况	回访用户 流失率 续订率
任务效率（Task effectiveness and efficiency）	效率、有效性和错误	错误量 成功率 任务时间

为每个任务选择适当的指标，您将在较长的时间内反复收集这些指标。指标尽可能覆盖用户体验的多个方面，如乐趣和任务效率等，如表 2-15 所示。

表 2-15 为每个任务指派相应测试指标

产品	可能的任务	指标
智能音箱应用	设置新的智能音箱	成功率 任务时间 SEQ
电子商务网站	通过"一键购买"进行购买	"一键购买"产出的每周销售量 "一键购买"的使用率 净推荐值
手机银行	更新联系信息	错误量 成功率 该任务的客服咨询量
B2B 网站	提交潜在客户表格	表格提交量 放弃率
手机益智游戏	解决一个难题	成功率 回访用户

2. 选择研究方法

在确定收集指标的方法时，您必须考虑研究方法所需的时间投入、成本、相关研究人员的技能以及可用的研究工具。不要指定一个成本太高而无法长期维持的测量计划，因为基准测试的整个思路是重复测量，若无法长期维持将无法获得数据比较结果。

有三种研究方法适用于可用性基准测试：定量可用性测试、数据分析和调查数据。定量可用性测试是通过研究参与者在系统中执行测试任务，收集用户在这些任务上的表现的指标（如完成任务的时间、成功率和满意度等）。数据分析是利用系统自动收集的数据，如对放弃率和点击量等进行分析。调查是通过访谈或问卷的形式了解用户的行为或意见，收集满意度评分、推荐值等指标，如表 2-16 所示。

表 2-16 根据指标选择研究方法

产品	可能的任务	指标	方法
智能音箱应用	设置新的智能音箱	成功率 任务时间 SEQ	带调查的定量可用性测试
电子商务网站	通过"一键购买"进行购买	"一键购买"产出的每周销售量 "一键购买"的使用率 净推荐值	数据分析 访谈
手机银行	更新联系信息	错误量 成功率 该任务的客服咨询量	数据分析

续表

产品	可能的任务	指标	方法
B2B 网站	提交潜在客户表格	表格提交量 放弃率	数据分析
手机益智游戏	解决一个难题	成功率 回访用户	数据分析

3.收集第一个测量值，建立基线

建立基线之前，首先进行试点研究以收集初始数据样本并进行初步分析，以确保您的方法是合理的，并且数据可以回应研究目标。根据试点研究的结果调整测试任务、指标以及研究方法。

收集第一组测量值时，需要考虑可能影响数据的外部因素。例如，如果测试的是电子商务网站，则要警惕类似营销活动或者重大节假日对产品销售数据的影响。

收集的第一组数据可以与竞争对手、行业基准或者利益相关者目标进行比较，以了解产品的初始状态。

4.产品迭代并持续收集测量值

根据研究的结果，调整修改产品的设计，并再次收集测量值。这个过程可能要持续反复多次。

5.解释调查结果

当收集两组以上的测量值之后，就可以解释发现信息。调查者需要使用统计方法来确定数据中的差异是真实的还是随机噪声造成的。例如，针对设置智能音箱的任务，假设使用定量可用性测试和调查来收集任务时间、成功率和 SEQ。如表 2-17 所示，概述了我们初始设计和重新设计的假设指标。

表 2-17　设置智能音箱的两轮测量值

测量指标	初始设计	重新设计
平均任务时间（分钟）	6.28	6.32
平均成功率	70%	95%
平均 SEQ [1（非常难）~7（非常容易）]	5.4	6.2

由表 2-17 可见，重新设计之后，平均任务时间基本一致，但是平均成功率以及平均 SEQ 提升都很大，证明重新设计是成功的。

（四）启发式评估（Heuristic Evaluation）

启发式评估是一种可用性工程方法，用于发现用户界面设计中的可用性问题。启发式评估最早由雅各布·尼尔森（Jakob Nielsen）提出，通过提供的一组可用性原则，启发一组参与者（可以是可用性专家也可以是普通用户）检查界面并发现其可用性问题。

启发式评估虽然是一种简化的可用性研究方法，但是多个研究已经证明该方法非常高效和实用。尼尔森在一次研究中发现，启发式评估的投入产出比可达 48 : 1，如表 2-18 所示。

表 2-18　启发式评估

方法	启发式评估
主要目标	通过评估产品或系统与特定设计准则（启发式规则）的符合程度，发现潜在的用户体验问题和改进机会
什么时候使用	测试阶段
参与者数量	3~5 人
准备	研究目标、参与对象、启发式规则、评估记录表

1. 交互设计可用性启发列表

（1）系统状态的可见性

①向用户清楚地传达系统的状态。在未通知用户的情况下，不得采取对用户造成后果的行动。

②尽快（最好是立即）向用户提供反馈。

③通过开放和持续的沟通建立信任。

（2）系统与现实世界的匹配

①确保用户无须查找单词的定义即可理解其含义。

②永远不要假设您对单词或概念的理解与用户的理解相符。

③用户研究可帮助您了解用户熟悉的术语，以及他们围绕重要概念的心理模型。

（3）用户控制和自由

①支持撤销和重做功能。

②清晰地展示退出当前交互的方式，如"取消"按钮。

③提供清晰和一致的导航，帮助用户了解他们在系统中的位置。

④允许用户自定义他们的体验。例如，通过更改设置或首选项，可以帮助他们感觉更掌控系统，并定制以符合他们的需求。

（4）一致性和标准

①通过保持内部和外部两种类型的一致性来提高产品的可学习性。

②保持单个产品或一系列产品的一致性（内部一致性）。

③遵循既定的行业惯例（外部一致性）。

（5）错误预防

①提供清晰和明确的标签和指令：为元素和控件提供清晰、明确的标签和指令，以帮助用户理解如何正确地使用它们，从而避免失误。

②提供反馈：在用户执行操作时提供及时、清晰的反馈信息，以帮助他们了解他们的行动是否成功，从而避免重复和错误的行动。

③简化和限制用户的选择：通过简化和限制用户的选择，可以减少他们犯错的机会。例如，通过隐藏不必要的选项或将它们放在更高级别的设置中，可以减少用户的选择，从而降低他们犯错的风险。

④使用明显的警告和确认：在用户执行可能导致错误的操作时，提供明显的警告和确认，以确保他们能够仔细考虑并理解他们的行动所带来的后果。

（6）识别而不是回忆

①使用可视化元素：使用图标、按钮和其他可视化元素，使界面更加直观和易于识别，帮助用户快速找到所需的信息和操作。

②减少选项：减少界面中的选项和菜单，以减少用户需要回忆的信息量，从而降低用户的认知负担。

③提供帮助和支持：在需要用户进行回忆的情况下，提供帮助和支持，如提供搜索功能或上下文提示。

（7）使用的灵活性和效率

①提供自定义选项：允许用户根据自己的需求和偏好自定义界面的布局、颜色和其他外观属性，以便他们可以更好地适应界面。

②提供多个途径：为用户提供多个途径来完成同一个任务，如提供菜单选项、按钮和键盘快捷键等，使用户可以选择最适合自己的方式。

③提供快捷键和其他快速访问选项：为高级用户提供快捷键和其他快速访问选项，以便他们可以更快地完成任务。

（8）运用美学和简约设计

①精心挑选颜色、字体和图像：选择与产品品牌和用户期望相符合的颜色、字体和图像，使界面更具吸引力和易于阅读。

②简化布局和导航：通过使用简单的布局和导航，使界面更易于理解和使用，减少

用户的认知负担。

③减少视觉噪声：避免过度复杂和混乱的视觉效果，不要让不必要的元素分散用户的注意力。

④强调关键信息：确定内容和功能的优先级，通过使用精心设计的图标、按钮和其他元素，强调界面中最重要的信息和功能。

（9）帮助用户识别、诊断和从错误中恢复

①提供明确的错误信息：使用易于理解和简洁的语言，尽量避免使用技术术语，以帮助用户诊断错误的类型和原因。

②提供解决方案：提供可操作的解决方案。例如，提供修复选项或指导用户采取适当的措施，以帮助用户恢复正常操作。

（10）帮助和文档

①提供易于理解的文档：提供易于理解的用户手册、在线帮助和其他文档资源，以帮助用户了解如何使用产品。

②提供易于搜索的文档：确保文档能够通过关键词、问题描述等搜索到相应的条目。

③提供多种格式的文档：提供多种格式的文档资源，如视频教程、FAQ 和社区支持论坛，以满足不同用户的需求和偏好。

④提供易于访问的文档：确保文档资源易于访问和使用。例如，在产品界面中提供帮助链接和搜索功能。

⑤提供明确的解决方案：为用户可能遇到的问题和困难提供明确的解决方案，如提供详细的步骤和指南。

2. 实施启发性评估

（1）计划评估 —— 确定您的可用性目标，并把它们传达给评估参与人员。

（2）选择您的评估人员 —— 如果您的预算有限，即使没有经验的评估人员也会发现 22%~29% 的可用性问题 —— 所以新手评估人员总比没有好。另外，5 个有经验的评估人员可以发现高达 75% 的可用性问题。

（3）向评估人员简要介绍 —— 如果参与者不是可用性专家，一定要向参与者简要介绍尼尔森的 10 个启发式检查项目，这样他们才会知道自己在寻找什么。

（4）进行评估 —— 建议每个参与者单独进行测试，以便他们能够根据自己的条件充分探索产品；但有时为了节省时间也可以采用小组评估。无论是单独进行还是一起进行，最好有 3~5 人参与者。雅各布·尼尔森建议每个评估阶段应该持续 1~2 小时。如果您的产品特别复杂，需要更多的时间，最好将评估分成多个阶段。

（5）分析结果 —— 对发现的问题进行优先级评分，并对每个问题提出可行性的修改建议。

3. 评估记录

评估过程要对每位参与者对每个启发项目的回应进行记录，记录可参考格式，如表 2-19 所示。

表 2-19 启发式评估记录

参与者			
问题编号	请简单描述下您发现的问题并说明它为什么是个问题?	您是如何发现这个问题的?	此问题违反了哪些启发式方法?
问题 1			
问题 2			
问题 3			
……			

4. 评估报告

启发式评估的目的是找到当前产品中存在的可用性问题，根据其优先级做出修改计划，以在下个迭代的版本中修复此问题。优先级评估可由两部分构成：问题严重性评分以及问题修复难易度评分。问题严重性评分可分成 5 个等级（见表 2-20），分值越高代表问题越严重。修复难易度评分可分成 4 个等级（见表 2-21），分值越低代表修复的难度越低。

表 2-20 启发式评估问题严重性评分

严重性评分	
分值	定义
0	违反了该原则，但似乎不是可用性问题
1	浅显的可用性问题：可能很容易被用户克服或极不经常发生。除非有额外的时间，下一个版本无须进行修复
2	次要的可用性问题：可能较频繁地发生或较难克服。在下一个版本中，修复此问题的优先级应较低
3	主要的可用性问题：频繁且持续发生，或者用户可能无法或不知道如何解决问题。修复很重要，因此应给予高度优先权
4	可用性灾难：严重损害产品的使用，用户无法克服。在产品发布之前必须解决此问题

表 2-21　启发式评估修复难易度评分

修复难易度评分	
分值	定义
0	问题将非常容易解决：可以在下一个版本之前由一个团队成员完成
1	问题很容易解决：涉及具体的界面元素和解决方案是明确的
2	问题需要一些努力来修复：涉及界面的多个方面，或者需要开发人员团队在下一个版本之前实现更改
3	可用性问题很难解决：在下一个版本之前需要集中开发工作才能完成，涉及接口的多个方面。解决方案可能不会立即出现，或者可能会存在争议

5. 评估报告

评估报告可将评估中发现的问题按项目进行总结分析，并提出可行性建议。具体内容可由以下部分构成。

（1）概览表：可用表格的形式对此问题进行概括（见表 2-22）。

（2）问题描述：描述此问题，表明其违反的规则内容。

（3）证据：与此问题相关的设计、文案等。可由文字描述和截图等共同说明。

（4）建议：修复此问题的可行性建议。

表 2-22　启发式评估问题概览

#	问题	问题严重性评分	修复难易度评分	启发式序号	启发式规则内容
1					

（五）游击测试（Guerilla Testing）

游击测试是在人流量大的区域进行的可用性测试，利用旁观者来测试您的产品。游击测试是一种相对快速且非正式的方式，几乎可以在任何地方完成，为团队提供了与更广泛的测试参与者互动的机会。Stack Exchange 的首席执行官 Joel Spolsky 认为："走廊测试是指你抓住下一个在走廊经过的人，让他尝试使用你的设计。如果你对 5 个人这样做，你将了解设计中 95% 的可用性问题。"如表 2-23 所示。

表 2-23　游击测试

方法	游击测试
主要目标	快速获取用户反馈，发现产品或系统中的问题和改进机会
什么时候使用	测试阶段
测试时间	10~30 分钟

续表

方法	游击测试
参与者数量	5~10 人
准备	研究目标、测试任务、记录设备

相对正式的可用性测试，游击测试的成本非常低，可以在设计早期阶段快速地验证假设。要做好游击测试，需要注意以下几点。

（1）选择正确的时间和地点 —— 选择人流量大的地方，尽量避开上下班的高峰期，不要给人带来麻烦。

（2）做好准备 —— 确保您提前准备好研究计划，并在您想开始前 30 分钟做好准备。

（3）使用迎宾员 —— 使用外向、有魅力、能识别您的目标受众的迎宾员。

（4）奖励您的参与者 —— 不需要太多，比如免费咖啡或巧克力 —— 只是为了表达您对他们帮助的感激。

（5）寻找改进的方法 —— 从您的经验中学习，并留意改进测试过程的方法。

（六）A/B 测试

A/B 测试是指发布两个不同版本的设计，从随机用户的实际使用效果来对比两者的优劣。比如，假设网站现有设计 A，为了验证改进设计 B 是否是更佳的解决方案，则将其同时上线，通过分配网站的流量并检测相关指标（如转化率、跳出率、销售额等）来测试。指标表现好的版本即为设计更佳的版本，如图 2-4 所示。

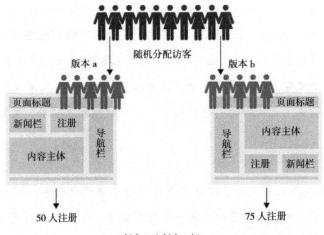

图 2-4 网页 A/B 测试

A/B 测试可以通过控制变量，即 A、B 两个版本中只有一个变量（如某个按钮的位置，或某句文案的内容）不同，测试后则会对该变量的取舍有明确答案。A/B 测试也可以用来判断两个综合性的设计，来分析设计风格或交互流程的优劣，如表 2-24 所示。

具体来说，A/B 测试可以测试以下元素。

（1）号召性用语（Call to actions，CTA）的措辞、大小、颜色和位置。

（2）标题或产品描述。

（3）表单的长度和字段类型。

（4）网站的布局和风格。

（5）产品定价和促销优惠。

（6）登录和产品页面上的图片。

（7）页面上的文本量（短与长）。

表 2-24 A/B 测试

方法	A/B 测试
主要目标	比较两个或多个变体的效果，以确定哪个变体在特定目标上表现更好，通常用于评估产品或服务的不同设计、功能或内容对用户行为和结果的影响
什么时候使用	发布后
参与者数量	大量
准备	研究目标、测试任务

案例 1：

为了提升页面的转发量，Friendbuy 网站设计了分享页面以观看展示视频的功能。其中按钮的文案有两个方案："Test it out"（试一试）以及"See demo"（看演示）。他们做了 A/B 测试来验证哪个文案更好。结果发现，方案二"See demo"比方案一提升了 82% 的点击量。因为方案二提供了更清晰的引导性语言，用户的预期更明确，文案的号召力更强。

案例 2：

Soocial 是个在线通讯录。为了提升主页上注册按钮的点击率，网站通过 A/B 测试来验证两个设计。其中，第二个方案仅比第一个方案多了"It's free"（免费）两个词。最终测试发现，第二个方案提升了 18.6% 的转化率。

案例 3:

　　温哥华冬奥会在线商城为了提升转化率,尝试将注册、收货地址、付款、收据四个步骤的结账流程缩减到一个页面上,在一个页面上完成收获地址、付款和确认的功能。通过 A/B 测试,结果发现优化之后的结账率提升了 21.8%,如图 2-5 所示。

图 2-5　温哥华冬奥会在线商城优化之后的页面

注意事项

　　1. 同时运行两个版本 —— 时间也是一个变量,所以先运行版本 A,然后运行版本 B 可能会扭曲结果。同时运行两个测试将确保结果的准确性。

　　2. 统计显著性差异需要有足够的测试样本 ——optimizely.com 提供了一个样本计算器,可以计算出所需的样本量。

　　3. 测试变量应该在所有页面上保持一致 —— 例如,如果要测试某个的位置,访问者应该在任何地方都能看到相同的变化。不要在第 1 页显示版本 A,在第 2 页显示版本 B。

　　4. 根据统计意义设置测试时长 —— 过早取消测试会降低准确性。VWO.com 提供了一个计算工具,可以计算出最佳的测试时间。

5. 将结果带入使用场景进行分析。测试结果有时候并不完全反映设计的优劣，因为新的设计可能和平台软件不适配（尤其是较早版本的 IE 浏览器），这种情况下要修复问题并重新测试。

（七）眼动追踪研究

眼动追踪研究是通过特定仪器捕捉用户眼动的数据，了解用户使用和阅读产品时的视觉焦点和移动轨迹，从而分析产品设计的优劣。

一般来说，只有在经过大量常规的可用性测试（如大声思考等），对可用性的问题有相当的洞察力之后，才能考虑利用眼动追踪来深入挖掘那些只有通过眼动追踪才能发现的细节，如表 2-25 所示。

表 2-25 眼动追踪

方法	眼动追踪
主要目标	了解用户在观察视觉界面、产品或广告等内容时的注意力焦点和行为模式
什么时候使用	测试阶段
参与者数量	5~10 人
准备	研究目标、测试任务、眼动实验设备

通过眼动追踪研究得出以下一些经验。

（1）用户是可预测的 —— 大多数人的视线流程遵循共同的趋势，这可以帮助我们规划合理的视觉布局。

（2）用户搜索页面的方式因目标而异 —— 例如，浏览和搜索有两种不同的眼动模式。

（3）用户会被视觉效果所吸引 —— 缩略图或鲜艳的颜色等视觉效果比纯文本更能吸引用户的注意力。

（4）人们会忽视广告 —— 雅各布·尼尔森称这个现象为"横幅盲"，人们会习惯性地忽视广告。

（5）非常规产品会造成混乱 —— 创意性的链接的颜色或菜单的位置可能会让您的产品特立独行，但用户也需要更长的时间来弄清楚如何使用您的产品，这可能是有风险的。

（八）合意性研究（Desirability Studies）

视觉设计对于用户界面和产品非常重要，视觉元素可以支持产品的交互设计，也可以引起用户的情感反应。这种情绪反应形成的第一印象会影响用户对产品或应用程序效用、可用性和可信度的感知。合意性研究通过定量和定性的研究的组合，以相对严谨的方式评估用户对美学和视觉吸引力的态度。

合意性研究能够解决以下两个问题。

（1）告知设计团队，为什么不同的设计方向能够引发目标用户不同的反应（为了完善设计方向）。

（2）精确测量针对特定形容词（如品牌特性）的视觉设计方向，从而帮助做出最后决策。

1.5 秒测试（快速曝光测试）

5 秒测试是可用性测试的一种形式，可让您衡量设计在短时间内传达信息的能力。这种测试可提供定量和定性反馈，帮助优化设计，如表 2-26 所示。

表 2-26　5 秒测试

方法	5 秒测试
主要目标	在短时间内评估用户对界面的第一印象和关注点，以检查设计的可视传达是否有效和清晰
什么时候使用	测试阶段
参与者数量	5~10 人
准备	研究目标、测试任务、记录设备

Gitte Lindgaard 等人在研究中发现，人只需 0.05 秒的时间就能够形成对一个网页的第一印象。5 秒的时间已经足够让用户选择要继续留在你的网站上，还是关掉页面，因此网站必须要能在 5 秒或者更短的时间内传达出以下信息。

（1）Who：你是谁？ 你的品牌是什么？

（2）What：你提供何种服务或产品？

（3）Why：为什么用户要关注你？ 他们可以得到什么？

在 5 秒测试中，可以将网页、应用程序等设计给参与者展示 5 秒，之后关闭画面，询问参与者刚刚看到了什么内容，并请他们将其描述出来，以此来测试用户对产品的第一印象。

除了让参与者自主描述外，测试也可以请参与者回答固定的问题，比如：

（1）这个网站的主要产品或服务是什么？（选择题）

（2）您可以在这个页面做的主要事情是什么？（开放题）

（3）您觉得这个品牌值得信赖吗？（选择题）

5 秒测试的时间和金钱成本非常低，但它只适用于您想知道用户对设计的第一印象如何，以及用户和您的设计有没有在短时间达到有效沟通的情况。如果想更深入测试验证不同版本的设计，就需要进行 A/B 测试或多变量测试（multivariate testing）。

测试可以通过打印的纸质界面现场进行，也可以利用线上平台（如 https://fivesecondtest.com/ 等）远程进行。

2. 产品反映卡片（Microsoft Reaction Card Method）

这种合意性研究方法是由 Joey Benedeck 和 Trish Miner 在他们 2002 年的论文中首次提出的。Benedeck 和 Miner 着手开发一种方法以衡量无形情绪的反应（如可取性和乐趣）。他们制作了 118 张实物卡片，每张卡片上都写有不同的产品反应词。测试时，参与者拿到一副纸牌，要求他们选择最能描述产品的 5 个词。测试完成后，统计各单词被用户提到的次数，汇总可得知产品给用户的第一印象。

这种方法的一个主要好处是它为参与者引入了一个受控的词汇表。在自由形式的定性评估过程中，用户自然的表述可能会给数据分析带来问题。例如，研究人员必须确定参与者说网站设计"有趣"时的确切含义，如表 2-27 所示。

表 2-27　产品反映卡片

方法	产品反映卡片
主要目标	了解用户对产品的整体印象和情感反应，发现潜在的问题和改进点，以指导产品的进一步优化和发展
什么时候使用	设计阶段、测试阶段
参与者数量	10 人及以上
准备	研究目标、研究对象、产品反应词表

产品反映的完整词表涵盖了用户对产品感受的各种可能性，从设计的视觉吸引力、使用的微文案、功能到整体用户体验等方面都有相关的词语映射（见表 2-28）。但由于这个词汇表过于庞大，会给参与者带来很大的压力，也可能因为遗漏而给测试结果带来偏差，因此有研究者建议缩小词库，减少参与者的疲劳度（见表 2-29）。

表 2-28　微软产品反映词（Microsoft Reaction Words，Joey Benedek、Trish Miner，2002）

中文版				
可及的	有创造性的	快速的	有意义的	慢的
高阶的	定制化的	灵活的	鼓舞人心的	复杂的

续表

中文版				
烦人的	前沿的	易坏的	不安全的	稳定的
有吸引力的	过时的	生气勃勃的	没有价值的	缺乏新意的
可接近的	值得要的	友好的	新颖的	刺激的
吸引人的	困难的	挫败的	陈旧的	直截了当的
令人厌烦的	无条理的	有趣的	乐观的	紧迫的
有条理的	引起混乱的	障碍的	普通的	费时间的
犯罪的	令人分心的	难以使用的	专横的	过于技术化的
干净利落的	易于使用的	高质量的	不可抗拒的	可信赖的
清除的	有效的	无人情味的	要人领情的	不能接近的
合作的	能干的	令人印象深刻的	私密的	不引人注意的
舒适的	不费力气的	不能理解的	品质糟糕的	无法控制的
兼容的	授权的	不协调的	强大的	非传统的
引人注目的	有力的	效率低的	可预知的	可懂的
复杂的	迷人的	创新的	专业的	令人不快的
全面的	使人愉快的	令人鼓舞的	中肯的	不可预知的
可靠的	热情的	综合的	可信的	未提炼的
令人糊涂的	精华的	令人紧张的	反应迅速的	可用的
连贯的	异常的	直觉的	僵化的	有用的
一致的	令人兴奋的	引人动心的	令人满意的	有价值的
可控的	期盼的	不切题的	安全的	便利的
熟悉的	低消耗的	简单化的		

表 2-29　精简版反映词汇

无聊的	忙碌的	冷静的	便宜的	有创造力的
前沿的	令人兴奋的	昂贵的	熟悉的	新鲜的
感人的	创新的	鼓舞人心的	吓人的	老的
专业的	值得信赖的	不专业的		

（九）定性量表问卷

量表问卷是一种常用的工具，用于收集用户对产品或系统可用性的主观评价和反馈。这些问卷基于定量方法，通过让用户在一系列陈述或指标上进行评分或选择，来量化用户对系统易用性、效率和满意度的感知。

1. 系统可用性量表（System Usability Scale，SUS）

系统可用性量表是测试后可用性问卷的一种，由 DEC 公司的 John Brooke 在 1986 年发布，目前已经成为一种行业标准，广泛用于硬件、软件、网站、移动应用等领域中的可用性测试。

（1）系统可用性量表由 10 个题目组成

①我想经常使用这个系统。

②我发现系统过于烦琐。

③我认为该系统易于使用。

④我认为我需要技术人员的支持才能使用这个系统。

⑤我发现这个系统很好地继承了各种功能。

⑥我认为这个系统有太多的不一致之处。

⑦我想大多数人会很快学会使用这个系统。

⑧我发现该系统使用起来非常麻烦。

⑨我对使用该系统感到非常有信心。

⑩在我开始使用这个系统之前，我需要学习很多东西。

题目的答案为"非常不同意"和"非常同意"。

（2）可用性量表的评分方法

①奇数项为正向题目，得分为用户答案分值减 1。

②偶数项为负向题目，得分为 5 减去用户答案分值。

将每个题目的评分相加，然后将总数乘以 2.5。这会将整体分值范围转换为 0～100。

测试结束后，将所有参与者的总分平均得出本产品的最终分数。SUS 分数可以用于横向或纵向对比，以比较相对于其他同类产品或者本产品的历史版本的可用性。SUS 的使用范围大，有大量行业数据可供衡量，一般来说，SUS 得分超过 68 分可被视为高于平均水平。

2. 用户体验问卷（User Experience Questionnaire，UEQ）

UEQ 是一种用于评估用户体验的量表。它被广泛应用于用户研究和用户体验评估领域。UEQ 旨在综合评估产品中与任务相关(实用性)以及非任务相关(享乐性)的用户体验。

UEQ 包含一系列陈述，用户需要在 7 点量表上对每个陈述进行评分，从完全不同意到完全同意（见表 2-30）。UEQ 的评估维度包括以下六个方面。

（1）吸引力：产品的整体印象。用户喜欢还是不喜欢该产品？

（2）明晰：熟悉产品容易吗？学习如何使用该产品容易吗？

（3）效率：用户可以在不付出不必要的努力的情况下解决任务吗？

（4）可靠性：用户是否感觉可以控制交互？

（5）促进：使用产品是否令人兴奋和激励？

（6）新奇：产品是否具有创新性和创造性？产品是否吸引了用户的兴趣？

表 2-30　UEQ

完全不同意	1 2 3 4 5 6 7	完全同意	序号
令人不快的	○○○○○○○	令人愉快的	1
费解的	○○○○○○○	易懂的	2
富有创造力的	○○○○○○○	平淡无奇的	3
易学的	○○○○○○○	难学的	4
有价值的	○○○○○○○	低劣的	5
乏味的	○○○○○○○	带劲的	6
无趣的	○○○○○○○	有趣的	7
无法预测的	○○○○○○○	可预见的	8
快的	○○○○○○○	慢的	9
独创的	○○○○○○○	俗套的	10
妨碍的	○○○○○○○	支持性的	11
好的	○○○○○○○	差的	12
复杂的	○○○○○○○	简单的	13
令人厌恶的	○○○○○○○	招人喜爱的	14
传统的	○○○○○○○	新颖的	15
不合意的	○○○○○○○	合意的	16
可靠的	○○○○○○○	靠不住的	17
令人兴奋的	○○○○○○○	令人昏昏欲睡的	18
符合预期的	○○○○○○○	不合期望的	19
低效的	○○○○○○○	高效的	20
一目了然的	○○○○○○○	令人眼花缭乱的	21
不实用的	○○○○○○○	实用的	22
井然有序的	○○○○○○○	杂乱无章的	23
吸引人的	○○○○○○○	无吸引力的	24
引起好感的	○○○○○○○	令人反感的	25
保守的	○○○○○○○	创新的	26

　　UEQ 还提供了可自动计算、分析结果的 Excel 工具，将所有参与者的问卷得分输入，便可计算出测试产品在六个维度上的体验评价。

　　研究者可以根据自己的研究目的和需要选择适合的 UEQ 版本，如 UEQ-S（简化版）或 UEQ+（扩展版），并在研究中使用 UEQ 来评估用户对产品或系统的体验，从而获得对用户体验的全面理解和评估。

3. NASA 任务负荷指数（NASA-TLX，The Official NASA Task Load Index）

NASA-TLX 是一种常用的量表工具，允许对使用各种人机界面系统的操作员进行任务负荷（task load）的主观体验评估。NASA-TLX 由美国国家航空航天局的桑德拉·哈特（Sandra Hart）在 20 世纪 80 年代开发，已成为衡量如飞机驾驶舱、通信工作站等任务负荷的黄金标准。

NASA-TLX 包含六个指标，用户需要在每个维度上进行评分，以反映他们对每个指标的认知负荷感受。

（1）心理要求（Mental Demand）

评估此任务对精神的需求程度。多少心理和感知活动是必需的（如思考、决定、计算、记忆、观察、搜索等）？这项任务是容易的或是苛刻的？简单的还是复杂的？

（2）体力要求（Physical Demand）

评估此任务对于你的体力需求程度。需要多少体力活动（如推、拉、转、控制、行动等）？任务是容易的或是苛刻的？节奏慢或是快？轻松的还是费力的？悠闲的还是忙碌的？

（3）时间要求（Temporal Demand）

评估此任务让你感受到的时间压力程度。节奏是缓慢而悠闲的还是快速而紧张的？是从容还是忙乱？

（4）努力程度（Effort）

评估用户在任务执行过程中所感受到的努力和精力消耗程度。你付出了多大的努力（精神上和身体上）才能达到你的表现水平？

（5）焦虑水平（Frustration）

评估在此任务中所感受到的挫折感。本任务进行时，你有没有感受到没有把握、气馁、烦躁、紧张等情绪？

（6）自我绩效（Performance）

你认为你在完成实验者（或你自己）设定的任务目标方面有多成功？你对自己在实现这些目标方面的表现有多满意？

4. 使用方法

（1）计算各指标权重

测试中，首先要让参与者完成工作负载比较卡（见图 2-6）。在每个卡片中通过两两对比，选择与本任务更相关的一项指标。然后计算出各项指标的权重：

$$W_i = \frac{N}{N_i} \qquad i=1{\sim}6$$

其中，W_i 是第 i 项指标的权重，N_i 为选择第 i 项指标为重要指标的数量，N 为 15（共 15 张卡片）。

努力程度 自我绩效	时间要求 沮丧程度
时间要求 努力程度	生理需求 沮丧程度
自我绩效 沮丧程度	生理需求 时间要求
生理需求 自我绩效	时间要求 心理需求
沮丧程度 努力程度	自我绩效 心理需求
自我绩效 时间要求	心理需求 努力程度
心理需求 生理需求	努力程度 生理需求
沮丧程度 心理需求	

图 2-6　工作负载比较卡

（2）填写 TLX 问卷

参与者需填写 TLX 问卷。问卷中每个维度都包含 21 个刻度，每个间隔代表 5 分。参与者需要在他认为合适的刻度上做好标记。可得出各项指标的得分 R_i。得分与各项的权重值相乘，可得本项指标的加权得分：

$$R_iW_i$$

（3）计算负荷评估值

将各项指标的加权得分 R_iW_i 累积相加可得出该任务的负荷评估值：

$$W = \sum_{i=1}^{6} R_iW_i$$

（4）数据分析

通常我们可以认为，总分在 0~20 代表工作负荷非常低；21~40 代表低工作负荷；41~60 代表中等；61~80 代表高负荷；81~100 代表非常高。

此外，我们可以利用 NASA-TLX 的分值对比来获得不同方案的优劣比较，还可以评价同一个方案内部不同维度的负担量。

5. 移动应用评分量表（Mobile App Rating Scale，MARS）

MARS 由昆士兰理工大学（Queensland University of Technology）的 Stoyan R Stoyanov 等人研发，主要用于移动应用的评价，也是使用率较高的测试后问卷量表。

MARS 量表包含多个维度和子维度，用于评估移动应用程序的不同方面。以下是 MARS 量表的主要维度。

（1）参与度：评估用户使用应用程序交互过程的体验：如有趣、可定制、交互（如发送警报、消息、提醒、反馈、支持共享）等。

（2）功能性：评估应用程序的功能的完整性、可靠性和易用性：应用程序功能、易于学习、导航、流程逻辑和应用程序的手势设计。

（3）外观：评估应用程序的界面设计：图形设计、整体视觉吸引力、配色方案和风格一致性。

（4）信息：评估应用程序提供的内容的质量、相关性和吸引力：包含来自可靠来源的高质量信息（如文本、反馈、衡量标准、参考资料）。

使用 MARS 量表时，需要确保评分的一致性和准确性。为了获得可靠的评估结果，可以在多个参与者之间进行量表的应用，并进行数据的汇总和分析。

6. 单项难易度问卷（Single Ease Question，SEQ）

一般在可用性测试中，当用户完成一个任务之后可进行单项难易度测试，用于了解用户对这个任务难易度的总体感受，如图 2-7 所示。

总的来说，这个任务

| 1. 非常困难 | 2. 略困难 | 3. 一般 | 4. 略简单 | 5. 非常简单 |

图 2-7　SEQ 问卷

SEQ 有两个作用：

1. 可以横向比较整个测试中哪些任务是有问题的。

2. 用户刚刚完成任务，只需很少的时间和精力回答这个问题，所以测试结果也相对客观。

第三章

发现与定义

第一节　同理心

与用户建立同理心是发现阶段最重要的目标，通过与用户共情，以高效地完成用户研究，从而获知用户的需求和痛点，才可以设计概念打好基础。

同理心（empathy）经常与怜悯（pity）、同情（sympathy）和慈悲（compassion）相混淆，都是对他人困难、处境的反应。其中，怜悯是一种对一个或多人的痛苦感到不适的感觉，怜悯承认对象所处的困境，但是却无法或不愿阻止或逆转它。你可能会为其做一些事情（比如给乞讨者一些零钱），但主要是为了让自己的不愉快情绪消失。同情是一种对某人（通常是对亲近的人）的关心和关怀，伴随着希望看到他更好或更幸福的愿望。与怜悯相比，同情意味着更深刻的个人参与。同理心与同情不同，在关心之外，还能与对象共享相同的观点或感受。比如，假设一只鸟受伤从树上掉下来，人们可以同情它，但是却无法与其持有同理心。慈悲比单纯的同理心更投入，希望能够减轻对象的苦痛。拥有慈悲，不仅能共享对象的情绪和情感，还将其提升为普遍而超越的体验，是利他主义的主要动力之一。

据此，我们可以将同理心定义为能够识别和分享他人、虚构人物或众生情绪的能力。它首先能设身处地地认识、把握和理解他人的观点，还能够感受到他人的情绪和痛苦（如果有的话）。同理心包含两种要素。

（1）认知要素：认识、理解对方的观点。

（2）情感（情绪）要素：感受他人的情感状态。

研究显示，当我们经历过某种情绪时，相似的神经回路会处于活跃状态，因此在看

97

到他人经历同样的情绪时，我们会感同身受；相反，如果没有类似的经历，则需要通过不停的认知努力，才能深入理解对方的体验、信仰、意愿和动机。也就是说，我们需要具备主动的感知、认识和理解能力，去理解别人的所思、所想、所为，从而建立同理心，如图 3-1 所示。

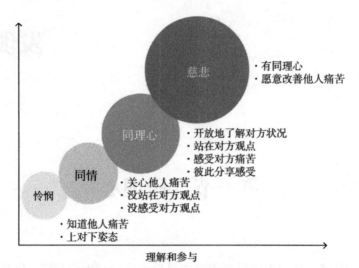

图 3-1 怜悯、同情、同理心与慈悲

一、如何建立同理心

（一）问很多问题

作为设计师，您不能仅仅依靠假设去定义用户的需求。相反，要直接询问用户关于产品的需求和愿望是什么。可以问一些以"什么""如何"以及"为什么"开头的问题，以更深入地了解用户的观点。

（二）要善于观察

除了要倾听用户说了什么，还需要注意他们做了什么。访谈的过程中，观察用户如何和产品互动，身体上的细微线索有助于您建立更全面的心理模型。观察中要做好笔记或录音，以便事后分析。

（三）积极地聆听

做一个积极的倾听者。访谈中要集中精力，努力理解并记住与您互动的用户正在说什么，不要被访谈流程和接下来要问的问题所干扰。通过主动倾听可以帮助您从用户那里获得直接的反馈，这些反馈对您的设计非常有帮助。

（四）要求提供意见

收到客观的、没有偏见的反馈是很关键的。朋友或同事提供的反馈大部分都比较积极，因为他们想支持或取悦您。所以从各种来源和不同的用户群体中征求意见是很重要的。在征求反馈意见时，使用开放式的问题来了解用户对体验或产品的实际想法。

（五）保持开放的心态

偏见是基于有限的信息，对某事或某人的偏爱或偏见。作为设计师，我们必须把这些偏见放在一边，以便更好地与他人共情。您的目标是理解用户，而不是用您自己的观点和情绪使他们的反馈复杂化。

二、移情图（Empathy Map）

移情图是一种协作性的可视化工具，用户研究中用于阐述对特定用户的了解。移情图将用户的心理信息梳理并呈现出来，可以用于建立角色模型 Persona，也可以作为独立分析工具，以帮助团队对用户的需求有统一的认识，继而帮助形成正确的设计决策。移情图最早由 X-Plane 的 Scott Matthews 创建，在敏捷性的开发环境中广受欢迎，如图 3-2 所示。

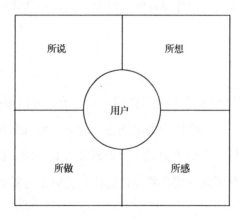

图 3-2　移情图

1. 格式

移情图中包含四个象限（所说、所想、所做、所感），最中间是用户的姓名和简单描述。

所说象限可放置用户在访谈中或其他可用性研究（如大声思考）中说出的内容，直接引用用户的话语，不要用自己的话进行总结。如果用户在访谈中多次强调相同的问题，那么这可能是个主要的痛点。另外，要特别注意用户是否提到对产品的功能或体验方面的期待性表述。

所想象限放置用户在体验过程中的想法。有时候您需要通过观察，利用同理心设想用户的想法，有时候也可以直接询问用户关于这个界面或者任务的看法。

所做象限放置用户在测试和体验过程中的操作。仔细观察，并及时记录重要的操作记录。

所感象限用于放置用户的情绪状态。可以通过观察用户的面部表情、身体特征以及用户所说的话语来概括。留意类似"沮丧""兴奋""困惑""不耐烦""担心"等情绪状态。如果访谈或者测试中用户没有透漏任何的感受，您可以问："您对这个（产品或界面或任务）的感觉如何？"

2. 类型

移情图有单角色移情图和聚合型移情图两种。文中提到的案例是单角色移情图，用来展示一个用户的相关信息。聚合型移情图是将一组具有相似生活背景、行为习惯、意见想法的用户的移情图合并而成的，能够反映一组细分用户的共同需求。

3. 步骤

（1）定义范围和目标

如果将移情图作为用户研究中的阶段性的产出，那么可以根据既定的用户研究计划，收集完每位测试者的移情图后，将用户的地图进行合并，形成聚合型移情图。这一方面是对用户研究数据的整理，另一方面也为进一步的研究打好基础。如果移情图是用户研究的唯一目标，那么要确定需要研究的用户群体，选择合适的参与者数量。

（2）准备材料

如果用户研究是在线下进行，请准备好白板（在白板上画好移情图框架）、便签和记号笔。如果是在线上进行，可以使用电子白板（如 Miro.com）。

（3）用户研究

移情图是一种定性方法，你需要通过用户访谈、田野调查、日记研究等方式获取用户研究数据。

（4）生成移情图

用户研究结束之后，团队成员需要认真阅读研究数据，将相关内容分别归类于所说、所想、所做和所感的四个象限当中。如果你研究了多名用户，还需要制作聚合型移情图。

（5）聚类和分析

移情图制作完成后，团队成员要认真分析每一个象限中的内容，将一个象限中具有类似主题的内容聚集到一起，并为每个聚合的组命名。这个过程通过聚类找到用户间的共同点，产生对用户体验的洞察。

4. 小结

移情图能帮助我们与用户建立同理心，它可以和其他可视化方法一起，帮助团队：

①消除我们设计中的偏见，让团队对用户理解保持一致；

②发现我们设计中的弱点；

③发现用户可能自己都不知道的需求；

④了解驱动用户行为的因素；

⑤引导我们走向有意义的创新。

第二节　角色

一、角色

20世纪90年代后期，软件系统开发过程中就开始思考如何更快、更好地传达对用户的理解，出现了类似人物原型（archetypes，常用于心理学及文学艺术环境中）、用户模型（user models）、生活方式快照（lifestyle snapshots）、模式用户（model users）等概念。1999年，阿兰·库珀（Alan Cooper）在 *The Inmates are Running the Asylum* 一书中首次提出了角色（persona）。

角色是根据研究创建的虚构人物，以代表可能以类似方式使用您的服务、产品、网站或品牌的不同用户类型。创建角色将帮助您了解用户的需求、体验、行为和目标，从而为目标用户群创造良好用户体验。

角色不是真实的用户，是集合了用户共同特征的模型。为了让设计团队更容易对用户共情，建立同理心，角色尽可能描述得像真实的人一样，用照片以及包含姓名、性别、年龄、职业、言论、行为、想法、态度（没错，和移情图中的类似）、目标以及任务的文案来介绍他（她）。

建立角色是用户为中心的设计过程中的重要一环。通过角色梳理归纳前期用户研究的结果，细分用户群体洞察其痛点和需求。角色将用于产品的构思阶段，在头脑风暴等构思会议中作为依托和指南。

二、角色的作用

阿兰·库珀把角色的好处归结成以下三个方面。

（1）帮助团队成员共享一个具体的、一致的对最终用户的理解。有关最终用户的复杂数据可以被放在正确的使用情景中和连贯的故事里，因此很容易被理解和记忆。

（2）可以根据是否满足各个角色的需要来评定和指导各种不同的解决方案，并根据在多大程度上满足一个或多个角色的需求，来评定产品功能的优先级。

（3）角色把抽象的数据转换成具体的人物。鲜活的人物角色更容易深入人心，可以让设计、开发人员和决策者设身处地地为角色着想。

三、格式

您的目标应该是创造一个可信且生动的角色。要避免添加对设计没有任何作用的细节——虽然名称和照片可能看起来无关紧要，但它们的功能是帮助记忆（这是角色的第一要务），可以帮助所有团队成员记住产品的用户是谁。

因此，角色的每条信息都应该包含相应的目的：如果它不会影响最终设计或有助于做下任何决策，那么就忽略它。例如，角色最喜欢的菜系对设计办公软件没有什么用，但是却对设计订餐、点评之类的产品有重要影响，根据这个细节所做的设计可能会成为产品相对于竞品的独特优势。

常见的角色信息包括以下几方面。

（1）人口统计信息。姓名、年龄、性别、学历、居住地、职业、家庭情况等。

（2）照片。能代表用户特征的照片。

（3）目标。想要完成什么事情以及为什么要完成它。

（4）痛点。是什么阻止了用户完成它，或者什么让用户感受到挫折、沮丧或麻烦。

（5）场景。描述用户使用产品的背景是什么，使用产品的频率如何，通过什么途径或设备使用产品等。

（6）引言。代表用户态度的典型话语。

四、步骤

1. 用户研究，创建移情图

用户细分研究可以帮助建立角色。用户细分的数据包括用户的人口统计、行为、需求和态度方面的信息。人口统计的背景信息包括用户的年龄、地址、工作、收入、家庭状况等。公司里的用户细分资料、市场调查资料、现场调查报告、用户研究报告、相关的新闻报道、杂志、科技文章、商业期刊、会议资料，以及相关的网站内容。行为信息指的是用户使用产品方面的资料，如用户何时购买、使用频率、最主要使用的功能等。用户需求指的是用户在功能性能和质量方面的期望。态度方面的信息包括用户对公司及产品的满意度、忠诚度和对产品各功能重要度的认知。用户行为、需求和态度可以用问卷调查、访谈和可用性研究等方法获取。

首先根据研究的初步印象，将对用户的理解形成假设，初步写出几种设想的分类。然后根据研究的数据，参照假设分类，使用亲和图和移情图对用户进行聚类分析。聚类分析可以梳理出分类的依据，找到哪些数据在用户分类中起到了主要作用。通过聚类分析把用户分成几个类别，每一个类别都可以作为一个角色的基础。

2. 确认方案

给团队成员和利益相关者展示关于用户群体分类的情况，讨论并研究各用户群之间的差异，最终形成用户分类的方案。产品经理、项目经理、公司的高层管理、商业策划、设计师、开发经理、开发人员、质量监控人员、市场经理、销售、客户服务代表、文字写作人员等都可以为用户分类提供有用的建议。

3. 确定角色数量

多数情况下，3~8个角色足以代表产品的大部分用户。太多的角色将分散团队的精力，也有可能因为要满足多个角色的需求，使得产品变得平庸。

4. 描述人物角色

使用角色的目的是根据用户的需求和目标开发解决方案、产品和服务。一定要以足够的理解和同理心来理解用户的方式以描述角色。角色应该包括有关用户的教育、生活方式、兴趣、价值观、目标、需求、限制、愿望、态度和行为模式的详细信息。最后，需要为每个角色设计一个表单或卡片来呈现这些描述。

5. 创建情境

情境是指角色在特定的环境中使用产品或服务的情况。角色本身没有价值，只有将角色置于情境之中才能有效发挥作用。情境有助于团队成员了解角色要解决的问题、面临的困难、操作的流程以及产品的使用情况。

6. 获得团队的认可

角色的最终目的是在团队中形成共识，辅助设计决策。因此团队对角色的认可至关重要。在创建角色之前，先了解团队对用户的看法；创建角色过程中，邀请更多的团队成员参与角色的设定；创建角色后，积极咨询其他人的建议，这些方法有助于角色获得团队的认可，也可以尽快将角色向团队介绍出来。

7. 持续调整

根据设计的进展和对用户的认识，需要调整角色的信息，甚至删除或者新增角色。

五、小结

角色是虚构的人物。在用户研究的基础上创建角色，可以帮助您了解用户的需求、经验、行为和目标。角色将指导您的构思过程，让设计更有逻辑，帮助您为目标用户群创造更好的用户体验。

第三节　场景

场景（Scenario）是设计师创建的、用于展示用户在一个环境中采取何种行动以达成目标的故事。一个用户交互场景是一个产品使用过程的草图，它旨在生动地捕捉交互设计的本质，就像用纸上草图捕捉物理设计的本质。和任何故事一样，一个场景由一个环境或情境状态、一个或多个具有个人动机、知识和能力的角色，以及角色遇到和操纵的各种工具和物品等内容组成。场景描述了角色经过一连串的行动和事件，达成一个结果的情节。

一、场景的作用

通过创建用户场景，您将确定用户使用您的产品、服务或网站的动机，以及他们的期望和目标。同一角色的需求在不同的背景或环境下可能是不同的，而在同一场景中不同的角色也可能会有不同的需求。用户场景有助于团队建立同理心，帮助团队捕捉不同用户在不同场景下可能面临的问题，以生成正确的设计决策。

场景能够允许设计者与许多利益相关者快速沟通产品的可能性。场景可以用文本来描述，也可以用粗略的草图或故事板视觉化。便捷的场景使得设计者在构思的过程中能快速获得他人的反馈并及时完善想法。

二、格式

一个场景通常围绕产品的一个重要功能展开，包括五个要素（见表 3-1）。

（1）角色（persona）：用户是谁？

（2）动机（motivations）：用户为什么要使用产品/服务/网站？

（3）环境（context）：用户在什么环境下使用产品？可能的障碍是什么？

（4）目标（goal）：他们想要达到什么目标？

（5）任务（task）：要怎么做什么才能达到目标？

表 3-1　预定外卖场景的要素

角色	王茜
动机	与朋友聚会，定外卖
环境	在家中，使用 iPad
目标	预定评价良好的、价格实惠、能准时送达的外卖
任务	在 App 中浏览各个商家，找到合适的外卖并付款

预定外卖场景描述：

王茜要和朋友在家里聚餐，想找一家评价良好、价格实惠同时又能准时送达的外卖。她拿出 iPad，在 App 中浏览各个商家，找到合适的外卖并且付款。

三、场景的使用

场景可用于设计构思和可用性设计。在项目早期可利用场景进行设计构思,场景中的要素可以提醒团队从相关角度审视角色,为其设计相应的流程、功能或界面;可用性测试中可通过场景制定测试内容,找到改善用户体验的机会。

第四节 用户旅程地图

用户旅程地图(user journey map)是用时间线的形式,将用户完成某个目标的过程可视化,以探讨用户与产品、服务或系统之间交互关系的工具。用户旅程地图在角色和场景的基础上创建,以用户的操作过程为主线,以用户的想法和感受为补充,形成对任务整个过程的综合性阐述。

大多数旅程地图都包含角色、场景、目标、行为、想法和感受等内容。

一、格式

旅程地图有多种形式,但基本都包含以下关键要素。

(1)角色:角色是用户旅程地图的主角,他/她的信息数据构成了整个地图的基础。旅程地图的分析结果也是为了形成对本角色的体验的洞察。

(2)场景和目标:场景和目标用于说明用户在什么情况下、为了何种目标而执行这个任务。

(3)旅程阶段:本部分是旅程地图的核心内容,通过将执行任务的过程梳理归纳,阶段化地呈现出来。不同的任务、不同的场景会由不同的阶段组成。阶段化的分析有助于对用户的行为和对系统的感受产生更清晰的认识。

(4)行为:行为是用户实际采取的方法和步骤,要将用户为了完成各个阶段的任务所采用的工具和方法表示出来(用户和服务的触点)。

(5)想法:想法是用户在各个阶段的问题、动机和需求,可以从用户研究中得来。

(6)情绪:情绪是用户在各个阶段对于服务、产品和流程的满意或不满意的感受。旅程图中可以将情绪值连接成线,形成用户的情绪曲线,以直观展示用户对各个阶段的满意程度。

（7）机会：指通过用户旅程图分析得出的，能够改善用户满意度、提升操作效率的洞察和见解。

二、用户旅程地图的作用

（一）更好地理解用户

用户旅程图有助于更好地理解用户，不同的角色、不同的用户群有着不同的兴趣、偏好和目标，影响了他们在任务中的选择、操作和感受。为每个重要的角色绘制相应的旅程地图，有助于发现不同角色间的差异，从而为其制定相应的产品策略，或者改善用户体验以留住更多的用户。

（二）发现理想和真实之间的差距

用户的操作过程是否和设计的预期一致？是否绕过（或错过）了某个关键触点？很多时候，设计的任务流程就像草坪上的人工道路一样，不一定会被用户选择。旅程地图有助于发现类似的问题，在迭代中重新考虑用户的习惯或感受。

（三）识别触点

触点是用户与产品/服务/系统产生互动的地方。触点可能是网页、按钮、表单或电子邮件；也有可能是客服电话或服务人员。触点带给用户的体验决定了产品或服务的体验，因此识别触点并对其进行优化能够确保用户的任务高效、顺利地完成。

用户旅程图将关注点从一个界面拓展到整个任务流程，帮助团队了解各种触点、设备或步骤是如何相互关联的，让团队用更宏观的视角去分析产品的体验。有时候产品会因为技术或安全性因素不得不损失一部分的用户体验（如登录时需要输入验证码），可以在下一个步骤中增加一些乐趣的设计，来平衡用户的体验。

（四）发现关键时刻

关键时刻（Moment Of Truth，MOT）是指用户旅程中的关键环节，如果用户体验到正面的关键时刻，他们会继续使用产品或服务；但是如果关键时刻是负面的，则会让用户退出产品服务。比如，注册账户就是一个MOT，如果注册表单烦琐、流程复杂，用户可能会直接放弃；迪士尼乐园的烟花表演也是一个MOT，作为一天中的最后一个项目，烟花表演会给游客留下最深刻的印象。

由于有时间、成本等条件的限制，任何产品都不可能解决所有的问题，因此正确分析问题、发现关键时刻是非常重要的。用户旅程地图有助于在团队中形成共识，了解要将注意力和时间投入到哪些问题上。

（五）推进全渠道优化

多数产品或服务都需要通过多种渠道与用户相连接，即便是提供纯粹线上服务的应用，有时也需要电话客服作为与用户的辅助沟通渠道，其他涉及线上、线下的服务或产品更是如此。因此，要全方位提升产品或服务的用户体验，就需要优化所有的触点，让客户能够在使用旅程中得到顺畅的、高质量的服务。

通过用户旅程地图，可列出类似移动应用（iOS及安卓等不同平台、手机及平板等不同终端的各版本）、网站、电子邮件、电话以及线下服务场所等触点在任务时间线上与用户产生交互的情况。以此为锚点审视用户在各个触点的情绪，发现用户的痛点并找到优化每个渠道的机会。

（六）发现新机会

一方面，用户旅程地图可发现用户的痛点，这是改善用户体验的主要抓手；另一方面，用户旅程中满意度比较高的阶段或触点，则代表了产品的优势和特色，借助此，团队可发现新的营销点，在市场推广中起到作用。

三、准备制作用户旅程地图

（一）当前状态和未来状态

当前状态的用户旅程地图描述的是用户使用当前运行中的产品/服务的体验，而未来状态的用户旅程地图描述的是理想状态的、尚不存在的产品/服务的用户旅程体验。

1.何时使用当前状态用户旅程地图

如果想分析本公司现有产品/服务的用户体验状况，可使用当前状态用户旅程图，找到用户体验的高峰和低谷，发现用户的痛点，为产品的迭代优化找到突破口。

当前状态用户旅程图还可用于对竞争产品的分析。通过对竞品的分析，发现用户痛点，找到本公司产品创新和差异化的机会点。

2. 何时使用未来状态用户旅程地图

当公司产品／服务尚未问世的时候，未来状态旅程图可作为理想的目标，帮助团队形成产品体验的共同愿景，甚至生成体验指南或原则，使团队在工作中保持一致。

如果想对当前产品／服务进行整体优化，也可以采用未来状态旅程图，用于制定产品体验的目标状态。

（二）假设优先还是研究优先

假设优先的用户旅程地图是由一个跨职能的团队，利用现有知识、通过研讨创建的。研究优先的用户旅程地图是通过用户研究，将各类研究结果整合而成的。

1. 何时使用假设优先的方法创建用户旅程图

如果组织和团队内部需要针对用户旅程图进行培训，让大家了解流程，讲授用户旅程图的知识，可以采用假设法，共同完成。

另外一种情况是，如果团队必须快速进行创新或构思新的设计理念，而且团队成员有一定的用户体验相关知识，可以使用假设的方法作为平台，避免重复的用户研究，加快痛点分析以及生成解决方案。

2. 何时使用研究优先的方法创建用户旅程图

尽管研究优先的用户旅程图需要冗长且昂贵的用户研究，但是它确保数据来自真实的用户，能够得到基于事实的洞察。但是需要注意的是，这种形式没有让更广泛的利益相关者参与进来，需要安排一定的时间向他们分享研究结果。

（三）建议使用混合的方法

对大多数团队和项目来说，使用混合式的方法是最理想的。

（1）首先使用假设优先的方法，与利益相关者一起创建当前状态图，发现机会。

（2）进行用户研究，验证假设，基于研究结果改进和更新用户旅程图，分析痛点和机会。

（3）与团队成员和利益相关者对痛点和机会进行充分的沟通，在此基础上创建未来状态旅程图，作为体验优化的目标愿景。

四、步骤

（一）定义目标，选择角色和场景

首先要定义用户旅程图的研究目标，根据不同的目标选择相应的角色和场景。将有关角色和场景的信息添加到用户旅程地图上，以备后期检索和研究。

（二）定义旅程阶段

旅程阶段的划分要从用户而不是业务服务的角度出发。用户消费过程一般可分为如下几个阶段。

（1）意识 / 发现 —— 用户意识到他们有一个需要解决的问题。

（2）研究 / 信息收集 / 评估 —— 用户研究问题的现有解决方案并探索替代方案。用户会想知道的产品 / 服务或企业是否值得信赖；该领域的专家是谁；产品的用户有多少，等等。

（3）购买 —— 用户选择购买了某产品 / 服务。

（4）体验 / 使用 —— 用户开始使用产品 / 服务

（5）忠诚度 —— 使用完产品后，有没有继续和企业沟通，企业使用了何种方法维护用户的忠诚度。

以上的阶段划分可以作为一种参考，但是每个不同的场景都需要有适合的阶段划分。比如，咖啡店买咖啡、网上买机票、出售二手物品的旅程阶段是不同的。

（三）确定角色的操作任务

根据研究内容，列出用户在每个旅程阶段所做的任务，并标注好每个任务的触点是什么。比如，用户通过在线商城购买商品的付款阶段如下。

（1）添加商品到购物车 —— 购买按钮；

（2）检查购物清单 —— 购物车页面；

（3）设定收获地址 —— 收货地址表单；

（4）确认购买 —— 付款按钮；

（5）选择付款方式 —— 付款方式列表；

（6）支付 —— 确认按钮。

1. 确定角色在每个任务上的感受

这是用户旅程地图中最重要的部分。根据用户研究的数据，包括用户的话、用户的行为和态度，判断用户在每个阶段甚至是每个任务时的情感体验。将各时间点的情感值连成一条曲线，以视觉化的形式呈现用户的情感历程。

2. 分析并发现机会

根据情感曲线可以非常方便地发现用户在产品体验过程中的峰值和低谷。低谷的阶段和任务都值得仔细分析：用户的体验差有可能是因为本阶段的流程过于烦琐，也有可能是因为某个任务的操作难度高，详细列出各种可能性，为产品的改进找到机会点。

第五节　问题陈述

"如果没有问题，就没有解决方案。公司也就没有存在的理由。"

—— 维诺德·科斯拉

2006 年，微软推出了音乐播放器 Zune（图 3-3）。Zune 有着在当时看起来很大的屏幕、简约的界面设计、现代化的无衬线字体，希望能够冲击 iPod 的市场。但是很遗憾，Zune 最终失败了。

尽管 Zune 有着很多的创新，但是微软没有明确找到 iPod 的缺点，这些创新并没有满足那些 iPod 未能满足的用户需求。创新没有解决现存的问题，所以未能改变音乐播放器的市场格局。

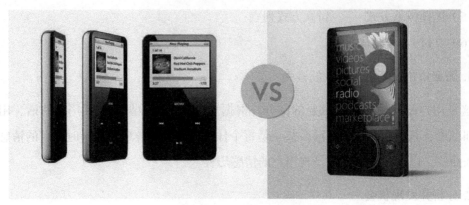

图 3-3　iPod 和 Zune

一、设计问题

问题指的是通过设计去解决的不受欢迎或者需要克服的困难或情况。有一些问题是被用户明确感知到的，比如，某个网站的界面设计杂乱，无法让用户找到有效信息；或者手机的铃声太小，使得用户在公众场所经常漏接电话，等等。同时问题还有着另一面，那就是"无意识的欲望"。

汽车的发明者亨利·福特（Henry Ford）曾说过一句名言："如果我问人们他们想要什么，他们会说需要更快的马。"在现有的认知条件下，用户往往会习惯于自己的生活和工作环境，无法表达出更深层次的需求。福特发现了这个需求的最终的目的：更快地从一个地方到达另一个地方，从而发明了现代的交通工具。

对设计师而言，问题是未满足的需求，解决这些问题就可以达到满足用户的目的。

二、问题陈述

问题陈述又被称作用户需求陈述，是对需要解决的问题的简明描述。问题陈述是一种范围界定工具，让团队专注于需要探索和解决的问题。问题陈述也是很好的沟通工具，可以用来获得利益相关者的认同。

首先，问题陈述有助于团队建立目标。问题陈述说明用户真正需要什么，通过清晰简洁地定义目标，让设计团队的每个人都参与进来，专注于同样的事情。

其次，问题陈述有助于团队理解问题。问题陈述浓缩了研究的见解，将访谈、同理心地图、用户旅程图的分析结果整合在一处。

再次，问题陈述有助于我们定义可交付成果。当我们最终解决问题时，可以从哪些方面去展示和汇报成果？从问题陈述出发有助于梳理可交付成果。

最后，问题陈述有助于我们创建成功的基准。设计是否有效解决了问题，如何定义设计是否是成功的？创建需求陈述时，也建立相应的成功指标。这种方法将减少未来的摩擦，并为您的团队或组织设定一个明确的标准。

三、步骤

编写问题陈述需要将用户有意识或无意识的需求浓缩成简单的、可操作的陈述。这首先需要将用户研究的所有结果进行综合分析，形成对用户需求的洞察，再以问题的形式呈现出来。

（一）亲和图

编写问题陈述的第一步是将"移情阶段"的所有发现进行组织和归纳。亲和图法（空间饱和和分组）是在一个空间中收集相关信息，通过聚类分组对其组织和分析的方法。

通过分组，可以将调研的结果进行梳理，找出不同用户在同一个任务上的相似的想法，这种找"同类项"的过程就是归纳用户需求或痛点的过程。

（二）5W1H（谁、什么、何时、何地、为什么以及如何）

创建问题最常用的框架是 5W 和 1H。定义用户的痛点之后，可以通过 5W1H 对问题进行梳理。

Who：谁受到了影响？谁遇到了问题？

What：问题是什么？需要解决什么痛点？

Where：问题发生在哪里？是物理空间还是数字空间？有没有其他人参与？

When：问题何时出现？

Why：为什么这个问题值得解决？它给用户带来什么价值？它给企业什么价值？

How：如何解决此问题？有几种方案可以用来解决此问题？

（三）问题陈述公式

问题陈述公式是带有空格的句子，团队可以在空格上填入相应的信息，以快速创建一个简明的陈述。陈述公式有以下三种。

（1）从用户研究的角度来看

姓名 _____ 是一名 角色特征 _____，

他 / 她 需要 ____用户需求_____，

因为 ____洞察_____。

例如，王丽是一名新手妈妈，她需要一个和其他妈妈交流的平台，因为她白天都是一个人在家，感到孤立无援。

（2）从用户的角度来看

我是_____角色特征_____，试图 ____需求_____，但是_____痛点_____，

因为 ____原因_____，这让我感觉 ____情绪反映_____。

例如：我是一名新手妈妈，试图以最好的方式照顾宝宝，但是我不知道做的对不对，因为我只能一个人在家，没有人和我交流，这让我感觉 孤立无援。

（3）5W

我们的_____Who_____，_____When，Where_____的时候，_____what_____，我们应该解决这个问题，让她_____Why_____。

例如：我们的新手妈妈，独自一个人在家的时候，没有人教她如何更好地照顾宝宝。我们应该解决这个问题，让她感觉不那么孤立无援。

四、小结

　　问题陈述是发现问题、定义问题阶段的最后一步，它将设计研究的结果进行梳理归纳，形成对用户需求的洞察，给团队建立明确的目标，为下一步的工作建立基础和标准。

第四章

概念设计

第一节　构思

当被要求重新设计一个产品或界面时，您不可能只是挥动一下魔杖，将一个出色的设计变出来；您也不应该简单照搬标准的设计模式，盲目地应用它们——尽管遵循标准是很重要的，但是模式并不总是能够为您的设计提供最完美的答案。与其等待灵感降临，交互设计师不如采用一个系统的方法来应对设计需求。

构思的重点是要提出尽可能多的想法。首先，预算和时间表等限制会筛选掉一批想法。有些创意可能很精彩，但是因为会超出预算或者延长开发时间，无法真正实施。想法足够多，才有可能在限制条件下剩下可选的创意。其次，产品应该覆盖尽可能大的目标人群。因为年龄、性别、是否残疾等因素，用户对产品的需求也不尽相同。想法足够多，才有可能在各类人群中找到平衡点，为所有目标用户提供合格的服务。最后，最终的解决方案不由设计师自己确定，产品的用户、投资人这些利益相关者会做出最终的选择。想法足够多，才有可能在一轮轮的评估后留下硕果。

一、抽象阶梯

语言学家塞缪尔·早川在《思想与行动中的语言》中谈到了语言的"抽象阶梯"，认为语言在抽象程度上存在一个从高到低的层次，像一个阶梯一样，越往上越抽象，越往下越具体。早川在书中用一头名叫贝西的母牛作为例子。

（1）财富（最抽象，阶梯顶端）；

（2）资产；

（3）农场资产；

（4）家畜；

（5）奶牛；

（6）一头名叫贝西的母牛。

这个概念被广泛用作写作、演讲、沟通的技巧。在写作或演讲过程当中，要在抽象的阶梯上爬上爬下：听众既需要具体的细节，也需要抽象的原则。在抽象和具体之间平衡，可以让内容更容易被不同层次的读者/听众所理解。

在设计思维中，抽象阶梯也是一种有用的工具，有助于更清楚地定义要解决的问题。当您面临一个问题陈述，寻求更有远见的解决方案的时候，它可以帮助您退后一步，以更广的视野来看待这个问题。抽象阶梯提供了结构化的思维路径，往上移动，通过问为什么，扩大思考范围，确定问题的实质；往下移动，通过问怎么做，框定具体问题，探索解决的方法，如表4-1所示。

表4-1 抽象阶梯

方法	抽象阶梯
主要目标	深入探索一个概念或想法的原因和解决方式
什么时候使用	创意阶段
时间	20~40分钟
参与者数量	1~10
谁应该参加	团队中所有人
准备	线下：白板、便利贴、笔 线上：电子白板

如图4-1所示，最中间的是最初的问题陈述："面包机总会烤糊面包"，按照抽象阶梯上下递进提问，越接近阶梯末端，问题和方案就越清晰和具体。

其步骤如下。

①选择要解决的问题，可以填入在上阶段确定的问题陈述。

②制作阶梯表。你可以选择单轨或多轨阶梯（见图4-2）。如果问题比较复杂，多轨阶梯有助于对比不同的焦点区域，提供更广的视角。

③往上移动，问"为什么"，层层递进，找到问题本源。

④往下移动，问"怎么做"，逐渐具体，找到解决方案。

⑤讨论对比各种解决方案，纳入时间、资金、技术等限制条件，找到最理想的选项。

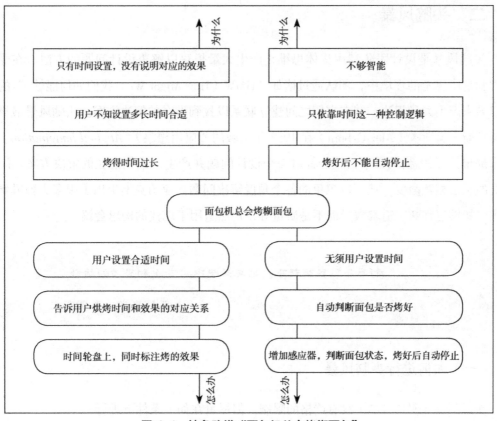

图 4-1　抽象阶梯"面包机总会烤糊面包"

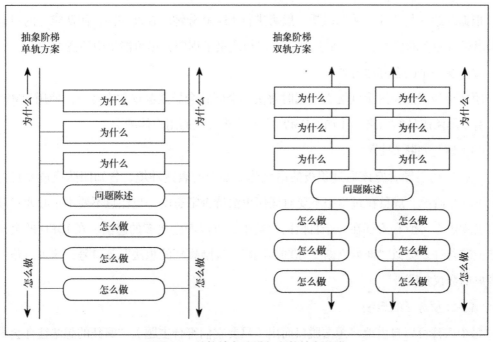

图 4-2　单轨抽象阶梯与多轨抽象阶梯

二、头脑风暴

头脑风暴是设计团队利用集体思维，产生大量想法以解决设计问题的方法。在受控条件和自由思考的环境中，团队通过诸如"HMW（How Might We，我们如何能够）"的问题引导来产生大量想法，并在它们之间建立联系以找到潜在的解决方案。头脑风暴最早由亚历克斯·奥斯本（Alex Osborn）在 1953 年出版的《应用想象》（*Applied Imagination*）一书中提出。 在头脑风暴中，我们针对一个设计问题并产生一系列潜在的解决方案。团队成员的想法相互激发，从可以想象的各个角度解决问题。亚历克斯提出了很多头脑风暴的原则，如推迟判断、追求数量而不是质量等，仍然适用于现代的构思会议。

> 创意不仅仅是想象。创意是想象与专注和努力的结合。
>
> —— 亚历克斯·奥斯本

（一）如何进行头脑风暴

头脑风暴（见图 4-3）没有严格的限制，但尽量在如下条件下进行。

（1）设置时间限制

根据问题的复杂性，头脑风暴一般可进行 15~60 分钟。在此期间，团队唯一的目标就是提出尽可能多的想法。团队成员站立在白板或桌子周围，尽可能集中注意力。

（2）从一个问题陈述开始

团队应该聚焦在这个问题上，同时解决多个问题会导致会议效率低下。使用 HMW 的方法引导团队成员的思路。比如，HMW 提升结账过程的用户体验。

（3）避免判断 / 批评

主持人或引导者应该通过积极的语气建立安全的表达环境，告知团队成员要将评判留到下一个阶段。成员在过程中不要对任何想法持否定态度，也注意不要不小心通过肢体语言表现出来。所有人都在一个自信的环境中，可以产生更多的想法。在 IDEO 的会议室的墙上印着许多类似"推迟判断""追求数量""鼓励疯狂的想法"等口号，这可以帮助建立开放的会议氛围。

（4）鼓励奇怪的想法

每个人都可以自由地将想法脱口而出（只要它们符合主题）。"疯狂的想法往往会带来创造性的飞跃。疯狂的想法往往聚焦于我们真正想要的东西，不受到技术或材料的限制。这些神奇的可能性，也许可以引导我们发明新技术来实现。"

（5）以数量为目标

争取产生尽可能多的想法。"数量决定质量"，有了一定的数量之后再进行筛选和分类的工作。

（6）建立在彼此的想法之上

团队成员在此过程中通过他人的想法获得新的见解，继而引发自己更多的想法。

（7）保持可视化

将每个想法在便利贴上写出来，贴到墙上。你还可以将想法用简笔画的形式画出来，草图可以带给他人更多的灵感。

（8）一次一个对话

尊重每个人的想法，让每个人充分表达自己的意见，不要打断别人的谈话。

图 4-3　头脑风暴

（二）团队还是个人

亚历克斯·奥斯本在《应用想象》一书中表示，创造力来自个人和集体观念的融合。在头脑风暴小组会议之前和之后分别进行个人的构思，通常会有很好的效果。个人构思有脑力转储（Braindump）、脑力写作（Brainwriting）和脑立行走（Brainwalking）三种方法。

1. 脑力转储

脑力转储是指将想法通过手写等形式记录下来的方法。脑力转储可以帮助您梳理思路并沉淀想法，可以提高创意的效率，如图 4-4 所示。

图 4-4　脑力转储

如果您是主持人，需要提前向构思参与者简要介绍问题陈述、目标以及先前研究和发现的重要见解。然后要求所有参与者写下他们的想法。重要的是，每个参与者都要单独进行 —— 并且默默地这样做。为参与者提供纸张或便利贴 —— 便利贴更好一些，每张便利贴写一个想法。

给参与者 3~10 分钟的时间，让他们写下自己的想法。

时间结束后，每个参与者将便利贴贴到墙上。开始头脑风暴小组会议。

2. 脑力写作

头脑写作是一种头脑风暴方法。参与者将自己的想法写在卡片上，然后将卡片传递给下一个人，下一个人在这个基础上写下新的灵感。参与者在完全沉默的情况下进行这个环节 —— 限制他们只能继承而不是评判别人的想法。卡片可以在小组内循环多次。这种方式可以立即创造公平的竞争环境，并且消除了集体头脑风暴的许多障碍。口头进行的头脑风暴中，一次可以表达的想法数量有限，对于那些内向的人、资历较低或不熟悉所讨论的专业的人有一些压迫感。

如果您是引导者，需要提前向构思参与者简要介绍问题陈述、目标以及来自先前研究和发现的重要用户见解。然后鼓励参与者用 3~5 分钟在他们的想法卡上记下想法，接到您的通知后再将卡片传给下一位参与者。一般情况下，参与者要传递想法卡 3~10 次。过程进行中需要静默，没有任何干扰或交流。

循环结束后，每个参与者简短地向团队其他成员展示他 / 她在循环结束时最终得到的卡片上的想法。主持人在白板上做好笔记。当所有团队成员都展示了他们的创意卡后，可以讨论选择最佳的创意。

3. 脑立行走

脑立行走和脑力协作类似，都是在别人的想法基础上写下自己的灵感。只不过脑立行走中移动的不是卡片，而是参与者。在过程中，需要参与者从座位上站起来，移动到另一个位子上，在卡片上写下自己的想法。脑立行走让参与者从座位上站起来，将脑力活动和体力活动结合到一起，避免参与者陷入一个思考困境中。

布莱恩·马蒂摩尔（Bryan Mattimore）首次提出这种方法，在《创意风暴者》（*Idea Stormers*）一书中，他将脑立行走描述为"用于开始创意会议的最佳方法"。

三、HMW

HMW 问题是构思的一种方式，通常用于启动头脑风暴。这个方法为解决设计问题创建了一个积极的框架。在 HMW 短语中，每一个单词都为了让团队成员处于正确的心态。

① How：如何，引导团队成员相信答案就在那里。

② Might：可能，让团队成员知道他们的答案可能有效，也可能无效，重要的是提出可能性；

③ We：我们，提醒成员构思关于团队合作，要建立在彼此的想法之上。

HMW 最早可追溯到闵·巴萨德（Min Basadur）在宝洁公司担任创意经理的时期。20 世纪 70 年代，高露洁公司有一款名为"爱尔兰春天"的肥皂，这款肥皂上面有着绿色的条纹，以清爽的口号做宣传，受到消费者的普遍欢迎。为了和这款产品竞争，宝洁公司尝试仿制了 6 款绿色条纹的肥皂，但是没有一个能比得上"爱尔兰春天"。巴萨德来到宝洁公司后，认为宝洁的团队问错了问题："我们怎样才能制作出更好的绿色条纹皂？"不如进一步问："我们如何才能制作出更清爽的香皂？"

这个问题提出后，创意的闸门打开了。团队不再被绿色条纹所限制，以"清爽"作为最终的目标，设计了名为"海岸"的有着蓝白条纹的肥皂。"海岸"成为了非常成功的品牌。

随着巴萨德和他的团队工作的变动，HMW 得以在谷歌、Facebook 和 IDEO 等公司普遍采用，成为一种重要的设计思维方法。

主持人应该向团队解释 HMW 流程的工作原理，让团队成员知道 HMW 是为了寻找机会而不是解决方案。尽管 HMW 追求的是数量而不是每个问题的质量，但以下方法可以帮助团队成员尽可能提升讨论解决每条问题的效果。

（一）从问题陈述开始

过于宽泛的 HMW 会让构思会脱离主题，效率低下，比如："我们如何才能改善产品的用户体验？"类似的 HMW 脱离了痛点和问题，也没有具体的场景，会拖慢构思的节奏。从设计研究发现的问题出发，能帮助团队聚焦，提升效率。

① 问题陈述：用户没有获得完整的产品列表。

② HMW：我们如何能够让用户发现完整的产品列表？

（二）HMW 中避免提出解决方案

在 HMW 中提出解决方案会限制思路的拓展，影响提出更多的创意。

① 问题陈述：用户经常不知道要填哪种表格报税。

② HMW1：我们如何能够用筛选的形式让用户便捷找到报税的表格？

③ HMW 2：我们如何能够让用户相信他们报税的方法是正确的？

在 HMW1 中包含了解决的方案，即通过筛选的形式确定报税表格，这种 HMW 会限制住更多的可能性。HMW2 的想象空间更大，如为用户自动报税，或者为所有的用户提供同一个表格，根据用户的信息提供量身定制的选项。

（三）HMW 应聚焦于期望的结果上

解决问题应该是治本而非治标，HMW 不应只停留在问题的表面，而要聚焦于问题的根本。

① 问题陈述：用户经常打客服电话，因为不确定申请流程，这耗费了大量的客服资源。

② HMW1：我们如何能够阻止用户打客服电话？

③ HMW2：我们如何能够让用户相信他们的申请流程是正确的？

（四）用积极的语气表达

积极的陈述 HMW 问题能够鼓励创造力，可以产生更多的想法。问题中避免使用"减少""预防"等否定的词语，尽量用"增加""创造""促进"等积极性的表述。

① 问题陈述：用户发现退货过程很麻烦。

② HMW1：我们如何能够让退货不那么麻烦？

③ HMW2：我们如何能够让退货快速而直观？

四、疯狂八分钟

疯狂八分钟是利用草图进行构思的方法。团队成员需要在八分钟内画出八个不同的创意，以生成多种解决问题的方法。需要注意的是，疯狂八分钟的目的是探索创意，而不是为了绘制漂亮的图案，因此不用在意草图美观与否，只要能把创意表示清楚即可，如图 4-5 所示。

图 4-5　疯狂八分钟

①准备好问题陈述；

②准备好草稿纸（普通的打印纸即可）、笔、计时器；

③每个人把纸折叠成八等份；

④计时八分钟；

⑤每个人绘制出 8 个方案，计时结束后所有人停笔。

疯狂八分钟是一个令人兴奋的设计构思练习，在短时间内产生很多想法。如果有 5 个人同时做这个练习，那么仅仅 8 分钟后，就会产生 40 个潜在的解决方案。

疯狂八分钟还迫使您跳出框框思考，因为您必须在短时间内提出许多想法，而不是评判它们。这意味着您可能会想出许多独特的、非传统的解决方案。

第二节　利用研究为构思提供信息

除了抽象阶梯、头脑风暴、疯狂八分钟等通用的构思方法，在交互设计领域，还可以通过对竞品、用户的研究为产品的创意提供思路。首先我们来看竞品分析。

一、竞品分析

竞品分析是识别您的竞争对手并评估他们的策略的方法，竞品分析可以帮助您选择和实施有效的战略，以创造可持续的竞争优势。竞品分析的功能如下。

①确定您的优势和劣势。

当您知道自己在竞争中处于领先地位时，您可以集中营销信息来强调这一优势。当您知道自己落后于哪里时，您可以更好地了解您需要如何改进您的产品、服务或售后以超越竞争对手。

②了解您经营的市场。

您知道您的许多竞争对手是谁，但您不会立即了解所有竞争对手，并且可能不了解市场的最新进入者。识别您的主要竞争对手（以及任何即将出现的威胁）以及他们与您的业务有何不同是击败他们的关键。

③评估您所在行业的趋势。

竞争对手提供哪些新的或改进的产品、服务或功能以获得优势？他们看到了哪些您还没有看到的趋势？通过检查您所在市场中其他公司的行为和行动，您可以判断他们是否采取了正确的做法，以及您是否应该与他们正面交锋。

④规划未来的增长。

想成为您所在行业的第三大公司而不是第四大公司？竞争分析为您提供实现目标所需的信息，包括您需要销售多少产品、市场人口统计数据以及您的组织存在的任何技能差距。

竞品分析也是一种探索设计理念的工具，可以向其他产品学习哪些是有效的设计。

首先，它们有助于为您的设计过程提供信息。了解市场上已有的产品及其设计可以帮助您为自己的产品做出更好的设计决策。

其次，竞品分析可帮助您解决可用性问题。您的竞品是否难以使用？如果是这样，您可以知道自己的产品应该注意哪些问题。

再次，竞品分析可以揭示市场的差距。您的竞争对手是否满足了用户需求？您的产品是否能够满足这些用户需求？

最后，竞品分析提供可靠的证据。当您对业务需求和市场差距有深刻的理解时，设计理念才可能成功。竞品分析是收集这些信息的重要组成部分。

（一）确定竞争对手

竞争对手有直接竞争对手和间接竞争对手两种类型。

直接竞争对手是拥有与您的产品类似的产品并专注于相同受众的公司。比如"抖音"和"快手"就是直接的竞争对手，这两个产品提供的服务相同，面向的受众也大致相同。

间接竞争对手是拥有一组类似的产品/服务，但受众不同的品牌或公司，如奔驰品牌汽车和大众品牌汽车；也可以是受众相同，但提供的产品不同的品牌或公司，如"Bilibili"视频网站和"王者荣耀"游戏尽管产品形态不同，但面向的受众基本一致，都是为了争取用户的休闲时间，所以是间接竞争对手。

（二）确定要评估的产品或服务

有一些集中的市场上，如搜索类产品和短视频产品，只有少数竞争对手存在，您可以很容易就说出各个竞争对手的名字。如果这是您的产品或服务的市场，就需要分析每个竞争对手。

但如果您的市场上有太多的竞争对手，比如手机游戏市场，分析所有的对手就比较困难。在这种情况下，您可以使用二八定律来选择竞品。二八定律又称80/20法则、关键少数法则，指约仅有20%的变因操纵着80%的局面，是意大利经济学家帕雷托（Vilfredo Pareto）发现的。比如，意大利约有80%的土地由20%的人口所有、80%的豌豆产量来自20%的植株，等等。该原则在现今企业管理中被广泛运用。根据二八定律，市场上80%的总收入被20%的竞争对手占据，这20%就是您需要分析的竞争对手。此外，您还可以通过细分市场的方法，将较大的市场分成几个不同的小市场，在小市场当中找到相应的竞争对手。

（三）竞品分析的目标

竞品分析可用于产品开发的各个阶段。在不同的阶段，竞品分析有不同的分析目标，分别可产生学习借鉴、辅助决策或市场预警的功能，如表4-2所示。

表4-2 竞品分析目标

产品阶段	分析目标
概念阶段	辅助决策 寻找产品机会 明确产品定位 寻找细分市场
定义阶段	辅助决策 建立差异化 树立产品标杆 助力需求分析 制定功能列表
设计开发阶段	学习借鉴 设计参考 体验优化
运营阶段	辅助决策 了解市场变化 评估预警风险 制定竞争策略 学习借鉴 学习营销策略

（四）竞品分析的内容

根据不同的目的，竞品分析的内容会有很大区别，具体而言，竞品分析可从如下几个维度入手。

（1）产品功能（主要功能、差异化功能等）。

（2）用户体验（第一印象、工作流程、视觉设计、内容质量/数量、导航设计等）。

（3）用户情况（用户画像、用户数据、反馈评价等）。

（4）盈利模式。

①广告：利用产品提供的服务或内容获取用户流量，继而通过展示广告获取利润的方式。2021年度数字广告已占到全球广告支出份额的一半以上，远远超出传统的户外、电台、报纸等广告媒体。这是谷歌、Facebook、百度、今日头条等公司的主要盈利模式。

②产品／服务：通过出售产品提供的独特服务进行盈利的模式。比如，需要付费下载的 App、付费才能收看的视频或文字内容、云服务等。

③增值服务：通过免费的产品和服务吸引用户，抢占市场份额和用户规模，然后再通过增值服务或其他产品收费。服务内容如付费会员、游戏道具等。

④佣金分成：平台通过整合资源，促成交易后，向商家收取佣金的方式。这是天猫、滴滴等商家的盈利模式。

⑤电商：通过买卖差价获取利润的模式。比如，京东、严选等商家，依靠高质量的服务和稳定的产品质量，出售产品获取利润的模式。需要注意的是，淘宝等平台虽然也是电商，但主要是依靠广告和佣金等营利，而非赚取商品的差价。

⑥金融：利用金融运作获取利润的方式，如各类支付、网贷产品。此外，如摩拜等公司需要用户提交押金才能使用服务，利用押金形成的资金池进行金融运作获取利润。

⑦此外，同一个产品可能会采用多种不同的盈利模式。

（5）团队背景（人才构成、资金优势、资源优势、技术背景等）。

（6）市场推广。

（7）文案策略（产品描述、号召性用语等）。

（8）社交媒体营销（使用的渠道、发帖频率、参与度等）。

（9）内容营销策略（营销文章主题、内容类型等）。

（10）营销策略（定价、促销类型、折扣频率等）。

（11）布局规划（产品定位、产品规划、发展目标等）。

（12）战略定位。

①防御者：在稳定的市场中维护市场份额。

②探索者：成为某方面的领头羊，寻求增长，敢冒风险。

③分析者：快速跟随，注重微创新。

④反应者：只有遭遇威胁时，才做反应。

（五）收集信息

竞品信息来源包括直接调查和二级信息两种。直接调查指研究团队通过观察、访谈、亲身体验等方式，获取对竞品的第一手信息。二级信息来源包括年报、报刊文章、市场报告等。

1. 官方公开资料

竞品官方公开的资料：包括它的官网、官媒、公众号，访谈，媒体报道，高管的微博，产品下载，产品文档，用户论坛，产品广告发布会，公司财报，招聘，内部出版物等。

（1）广告

广告不仅告诉您竞品的价格等产品信息，还映射了竞争对手的整个促销计划和营销策略。阅读竞争对手的广告时，要注意以下内容：出版物 / 平台、频率、产品价格、突出宣传的产品功能和优势。如果您的竞争对手突然在一个新的行业出版物或平台上发布广告，这表明他们正在努力进入一个新的细分市场。注意竞争对手广告的设计和基调也很重要。它们传达了什么样的形象？这个形象和您自己的产品有何区别？这有助于了解竞品的差异化。

（2）年报

如竞争对手是上市公司，那么它们需要按期公布公司财务信息。证券公司网站上可获取相关数据。

2. 第三方渠道

第三方渠道包括行业媒体、行业协会、线下峰会，公司内部渠道，第三方评测机构，第三方数据库，合作伙伴，供应商，政府部门的统计资料，案例研究和论文等。

（1）报刊文章

报刊文章可以用来了解竞争对手的组织运作方式、新产品信息以及未来计划等内容。记者可能发现和披露对竞争对手不利的信息。很多公共图书馆都可访问电子期刊数据库，查询更方便。

（2）统计数据库

统计数据库主要有政府来源和商业数据来源两种。其中，政府来源主要指国家、省市统计局的统计资料，您可以从统计局网站上获取相关数据。商业数据来源主要指行业调研、咨询公司发布的统计数据。

此外，要了解移动应用产品的下载量和评价等信息，可以从类似 data.ai、SensorTower 等专业移动应用统计网站中获取相关数据。

（3）公司内部数据

公司内部的销售团队会接触到大量的竞争对手的信息。与他们交流可以了解竞争对手的销售状况。

3.直接调研

直接调研是获取竞争对手感性信息的最佳途径。通过亲自购买、亲身体验、与用户访谈、可用性研究等方式，可获得竞品的第一手体验信息。

（六）信息整理

收集完信息后，需要将信息集中整理，为下一步的信息分析做好准备。通常可采用数据表格，将信息分类归纳。信息筛选时，要注意选用权威、可信度高的内容，多渠道验证关键信息，并在记录中标注好信息来源，如表4-3所示。

表4-3　竞品分析信息整理

目标：分析竞争对手的用户体验				
			竞品 A	竞品 B
一般信息	竞争对手类型（直接、间接）			
	内容			
	价格			
	网址			
	业务规模			
	目标受众			
	独特的价值主张			
用户体验 （评级：需要优化、一般、好、优秀）	第一印象	桌面网站体验		
		移动网站体验		
	交互	功能		
		可及性		
		用户流程		
		导航		
	网站视觉设计	品牌识别		
	网站内容	语气		
		描述性		

（七）分析信息

通常可以使用SWOT的方法对整理后的信息进行综合分析。SWOT代表优势

（Strengths）、劣势（Weaknesses）、机会（Opportunities）和威胁（Threats），是用于评估公司或竞品的竞争、风险和潜力的分析工具。利用四个象限将产品或公司的优势、劣势、机会以及威胁清晰地列出，有助于形成更清晰的竞品分析结果，如表4-4所示。

表4-4　SWOT分析

SWOT分析：[产品或公司名称]	
优势	劣势
该产品或公司擅长什么？ 它可以利用哪些独特的资源？ 别人认为它的优势是什么？	它能改进什么？ 它的什么资源比别人少？ 其他人可能认为什么是它的弱点？
机会	威胁
它有哪些机会？ 可以利用哪些趋势？ 可以开拓哪些细分市场？	什么威胁会伤害到它？ 它的竞争对手在哪些方面做得更好？ 它的弱点对它有什么威胁？

（八）竞品分析报告

竞品分析报告是通过描述性的方法，将竞品分析的结果进行总结和陈述。竞品分析报告一般可包含如下几个部分。

（1）竞品分析报告目标。 为什么要做竞品分析？产品处于什么阶段？产品面临的主要问题是什么？想通过竞品分析解决什么问题？

（2）谁是您的主要竞争对手？参考信息整理表格的"一般信息"部分，用1~2句话描述每个竞争对手。请务必标注好它们是直接或间接的竞争对手。

（3）竞争对手产品的类型和质量如何？ 描述每个竞争对手提供的内容，记下他们擅长哪些方面以及他们可以做得更好。用2~5句话描述一个竞品。

（4）竞争对手的定位。用几句话描述每个竞争对手的目标受众。具体说明其理想客户的特征（如年龄、位置、收入、消费习惯等）。

（5）竞争对手如何谈论自己？介绍每家公司的价值主张。用2~3句话总结各个产品的独特之处。

（6）竞争对手的优势。 列出每个竞争对手做得特别好的2~4件事。

（7）竞争对手的弱点。 列出每个竞争对手可以做得更好的2~4件事。

（8）差距。 想想您的竞争对手没有做到的事情。确定市场中2~3个他们没有填补的空白（如设计或产品功能等）。

（9）机会。考虑一下您可以解决您发现的市场缺口的方法。列出 2~3 个可以让您的产品从竞争对手中脱颖而出的机会。

二、用户流程

产品设计的构思不是神秘的过程，它需要设计研究的支持。来自用户研究、访谈以及观察中的用户信息，经过同理心地图、角色、用户旅程地图等工具进行分析之后，生成清晰的用户需求。这些用户需求将是产品构思的主要目标。交互设计应当始终将用户放在首位，用户研究的结果将为构思提供重要的支撑信息。

用户流程（user flow）是用户与产品交互以完成目标的过程。交互设计中可以通过对用户流程进行优化设计，实现减少操作步骤、优化产品效率、提升用户转化等目标，是用户体验设计的核心内容。通过对用户流程的预测，还能以用户的视角审视产品体验、预判用户需求，为进一步的信息架构设计及界面设计打好基础。绘制流程图之前，应该确定以下三个问题。

（1）用户将在应用程序中执行哪些操作？

（2）用户会做出什么决定？

（3）用户在采取行动或做出决定后会体验到哪些屏幕？

（一）用户流程图

交互设计中可以通过流程图的形式，将用户流程可视化。流程图中常用圆形、矩形、菱形以及箭头来代表特定的交互事件，如图 4-6 所示。

图 4-6　用户流程图中的元素

（1）圆形：动作。代表用户使用产品过程中所采取的动作，如打开应用程序、输入搜索内容、关闭窗口等。

（2）矩形：页面。用户使用产品过程中接触到的界面，如登录页、搜索页、订单支付页面等。

（3）菱形：决策。用户流程中用户需要针对某个问题做出选择的时刻。用户的选择将决定后续流程的走向。比如，是否选择登录，不登录的话将无法继续购买流程；或者是否选择允许应用查看当前位置信息，允许的话应用才能显示附近的商家等。

（4）箭头：流程的走向。用箭头将上面的信息点串联起来，从任务的发起到结束，形成完整的用户操作流程。

（二）案例

1. 腾讯会议的"快速会议"

自 Covid-19 大流行开始以来，线上会议产品成为教育、商业领域不可缺少的会议工具，这其中腾讯会议以其易用、稳定的产品特性受到人们的欢迎。

腾讯会议有快速会议、预定会议两种发起会议的功能，分别应对不同的情景和需求。若使用快速会议功能，用户只需打开应用、点击快速会议按钮两个步骤，便可以发起会议，进入会议室。这给用户带来非常便捷的感受。

在这个流程中，邀请与会者的环节被放到会议开始之后，避免因为参会人员迟到等问题，让其他人都停留在等待页面，造成拖沓、延迟的体验，如图 4-7 所示。

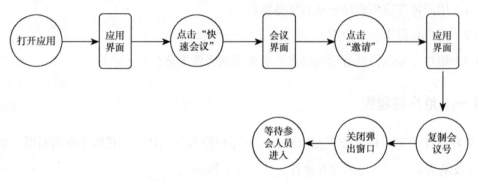

图 4-7　腾讯会议快速会议功能流程

2. 在线商城购物流程

在线商城购物流程如图 4-8 所示。

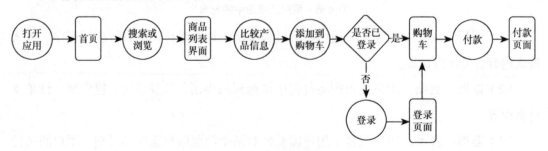

图 4-8　电商购物流程

图 4-8 显示的是目前主流电商的购物流程，大部分电商都允许用户直接搜索、浏览商品的价格、功能等信息，待用户确定购买的商品后，结账的时候再要求用户登录。这种设计的优点是，首先将产品的价值展示给用户，能吸引用户深入使用产品 —— 用户花费30 分钟寻找、对比商品之后，就不会那么在意 3 分钟登录时间。如果一开始就要求用户登录，没有体现出产品自身的价值，可能会将大多数用户阻挡在门外。

3. Nike Run Club 登录流程

Nike Run Club 登录流程如图 4-9 所示。

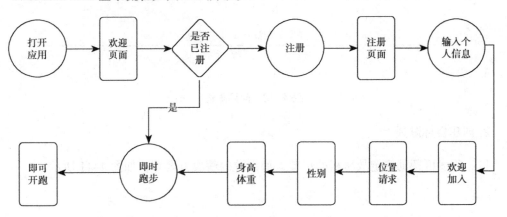

图 4-9　Nike Run Club 登录流程

并不是所有的产品都要把登录注册放在最后。比如 Nike Run Club，用户注册时除了一般的用户名、密码外，还需要输入很多的个人信息，如性别、体重等，完成这个流程才可以进行针对性的训练跑步。这个流程的设计，树立了一个专业的训练软件形象，也允许产品为用户提供个性化的服务。

三、故事板

故事板（Storyboard）是电影、动画制作过程中的工具，用于体现导演的创作意图和影像风格等。在交互设计中，故事板通过序列图像，将用户面临的问题以及潜在的解决方案可视化，用于向团队成员或利益相关者呈现想法。

故事板的关键要素包括角色、场景、图像和说明。角色是这个故事中的用户。场景表述用户面临的问题或意图。图像是用手绘或其他形式，视觉化地呈现与故事相关的细节，比如用户的环境、想法或界面草图等。说明是每幅图像的文字介绍，阐述了用户的行为、情绪、环境和设备等。创建故事板的步骤如下。

1. 从问题陈述开始

问题陈述中的角色、需求等内容有助于建立清晰的故事场景,如图 4-10 所示。

<table>
<tr><td>Dan
用户</td><td>是一个</td><td>乐队的主音吉他手
用户特征</td><td>,</td></tr>
<tr><td>他需要</td><td></td><td>聘请一名新鼓手
用户需求</td><td>,</td></tr>
<tr><td>因为</td><td></td><td>他们在更换前任鼓手时遇到了问题
洞察</td><td>。</td></tr>
</table>

图 4-10　问题陈述

2. 创建目标陈述

目标陈述可帮助确定故事板的情节,如设计的解决方案等,如图 4-11 所示。

<table>
<tr><td>我们的</td><td>Bandmate 应用程序
产品</td><td>允许用户</td><td>招募新的乐队成员
执行特定操作</td></tr>
<tr><td>这将影响</td><td colspan="3">需要新乐队成员的用户
描述行动将影响到谁</td></tr>
<tr><td>通过</td><td colspan="3">让他们轻松找到合格的乐队成员
描述行动将如何对他们产生积极影响</td></tr>
<tr><td>我们将通过</td><td colspan="2">阅读用户评论和跟踪成功的案例
描述您将如何衡量影响</td><td>来衡量该产品的有效性</td></tr>
</table>

图 4-11　目标陈述

3. 选择故事板模板

常用的故事板模板如图 4-12 所示。

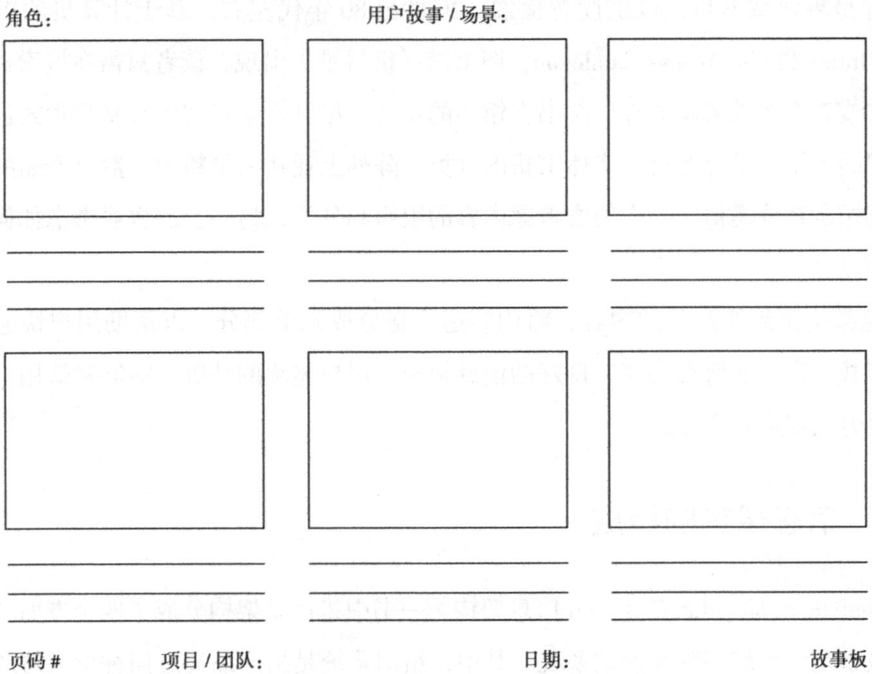

角色：   用户故事 / 场景：

页码 #   项目 / 团队：   日期：   故事板

图 4-12　常用的故事板模板

4. 添加角色、场景等信息

本例中角色为吉他手 Dan。 场景是一个允许乐队招募合格的音乐家加入乐队的应用程序。

5. 规划步骤

将用户的行为或流程适当分布在 6 个面板中。

6. 绘制图像并添加说明

绘制过程中注意将用户的情感通过面部表情呈现出来，以表现用户的痛点。在每幅图像下面用简洁的文字表述用户的行为或感想。

第三节　信息架构

20 世纪初，世界上大多数图书馆都采用了卡片目录的方法，通过分类排序陈列的书目卡片呈现馆藏书目，以供读者检索。20世纪80年代左右，基于计算机的馆藏目录OPAC（Online Public Access Catalogue，图书馆联机目录）出现，读者只需在搜索框中输入图书名称或者作者姓名就能查到图书在馆中的位置。尽管检索形式已经从物理式进化到电子式，但图书馆人员仍然要在实体书籍的分类、陈列上耗费大量精力。数字产品的组织系统与图书馆藏系统类似，一方面要考虑内容的组织和分类，另一方面也要考虑如何方便用户检索和浏览。

信息架构是组织产品的内容，将内容适当地分成几个部分，以帮助用户快速理解产品，并能找到产品的所有功能。良好的信息架构是用户体验的基础，能够降低用户的认知负荷并提升其使用效率。

一、信息架构的组成

Rosenfeld 和 Morville 在《Web 信息架构》一书中将信息架构分成了四个方面：组织系统、标签系统、导航系统和搜索系统。其中，组织系统是指产品通过何种形式对产品的内容和功能进行分类和组织；标签系统是产品如何识别和定义内容和功能；导航系统指用户通过何种途径浏览产品的内容和功能；搜索系统则是给用户提供搜索的功能。这四个方面相辅相成，共同形成产品的架构体系。

（一）组织系统

组织系统是我们组织信息的方法，可以从组织体系和组织结构两方面去理解。

1. 组织体系

（1）精确性

组织体系是内容组织采用的逻辑方式。通常可分为精确性和模糊性两种。精确性的组织体系有按字母排序、按时间排序、按地理位置排序等。比如，字典或手机中的通讯录，就是按字母排序；新闻归档一般按时间或年表进行排序；和地理位置相关的服务如"大众点评"的餐馆推荐可按地理位置排序。精确的组织方式能够给用户确定的预期，按照特定的方法即可找到目标信息。

尽管精确的组织体系具有清晰、明确的组织形式和相对直观的查询方法，但是在很多场景中并不适用。如果用户不知道要找什么具体的信息，精确性的组织体系就无法提供有效的帮助。比如，用户想了解设计史方面的知识，但是他不知道该领域的专家或者代表性作品，就没办法用作者或者书名查找。

（2）模糊性

模糊性组织体系通过信息条目之间的内在关联进行组织，有按主题、按任务、按用户等组织方法。大多数图书馆采用的"国会图书馆分类法"，就是按主题的组织方法，它将图书分成21个不同的主题，如哲学、地理学、政治学等进行分类。资讯类网站或应用也大都采用主题式分类法，将内容分成本地、体育、娱乐、国际等不同的类别，方便用户按兴趣浏览（见图4-13）。工具类软件一般按任务进行组织，这种任务为导向的分类方法可供用户高效率使用产品。有一些网站或应用为了给特定用户提供个性化的信息和服务，会将内容按用户进行组织。比如，很多高校主页会按学生、教师、家长、校友等进行分类，提供定制化的网页内容（见图4-14）。

图 4-13　搜狐新闻网站的新闻主题：时政、国际、军事等

图 4-14　北京大学网站主页

（3）混合式

尽管选择单一的组织体系能够让产品以确定的形态和逻辑展示给用户，但在相对复杂的应用场景和产品形态上，往往会选择多种组织体系的组合形成混合的组织体系，以应对不同用户的多样化的需求。比如，"美团"等巨无霸类的应用程序，利用混合的组织体系可使程序更具灵活性（见图 4-15）。

图 4-15　"美团" App 页面

2. 组织结构

如果说组织体系是内容信息分类或排序的方法，那么组织结构就是内容信息分类或排序后的形式。常见的组织结构形式包括等级式、数据库模式、超文本、大众分类等。

（1）等级式

等级式是社会组织或信息架构常用的结构形式，这种结构形式上下从属关系明确，等级分支清晰。比如，商业公司中有董事长、总经理、部门经理、职员等层次分明的职位系统，生物分类中有界、门、纲、目、科、属、种的等级分类。等级式结构也是网站或应用常见的结构形式，合理规划的等级式结构可以通过菜单等导航途径展示给用户，以供其便捷地找到相关信息（见图4-16）。

图4-16 北京大学图书馆首页

需要注意的是，在规划站点结构时，需要注意广度和深度的平衡。由图4-17可看出，若层次过深，结构过窄，用户需要点击6次才能找到B页信息；若深度浅，但是广度过宽，用户可能无法快速在过多的选项中找到目标信息。由于每个产品的复杂度不同，无法用确定的数据衡量最佳的深度和广度分配，但在结构规划的时候可以参考以下两个因素。

①选项太多会给用户带来认知压力。

②以用户测试结果去衡量设计效果。

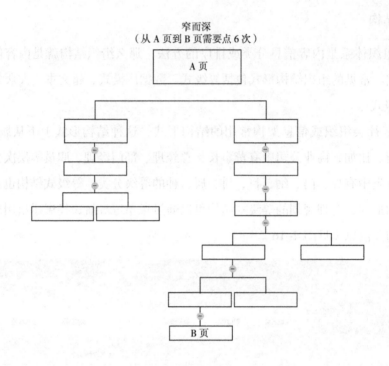

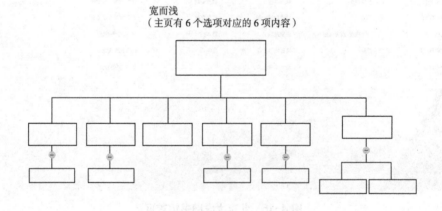

图 4-17 信息架构的深度和广度

（2）数据库模式

数据库是结构化信息或数据（一般以电子形式存储在计算机系统中）的有组织的集合。数据库就像大型的电子表格，可供多个用户、通过多种途径访问和查询数据。现代网站或应用程序的内容复杂，一般都是以关系数据库的形式存储，通过编程语言调用，再将特定的信息呈现在页面上，如图 4-18 所示。

398 systems in ranking, June 2022

	Rank		DBMS	Database Model		Score	
Jun 2022	May 2022	Jun 2021			Jun 2022	May 2022	Jun 2021
1.	1.	1.	Oracle 🔷	Relational, Multi-model ℹ	1287.74	+24.92	+16.80
2.	2.	2.	MySQL 🔷	Relational, Multi-model ℹ	1189.21	-12.89	-38.65
3.	3.	3.	Microsoft SQL Server 🔷	Relational, Multi-model ℹ	933.83	-7.37	-57.25
4.	4.	4.	PostgreSQL 🔷	Relational, Multi-model ℹ	620.84	+5.55	+52.32
5.	5.	5.	MongoDB 🔷	Document, Multi-model ℹ	480.73	+2.49	-7.49
6.	6.	↑ 7.	Redis 🔷	Key-value, Multi-model ℹ	175.31	-3.71	+10.06
7.	7.	↓ 6.	IBM Db2	Relational, Multi-model ℹ	159.19	-1.14	-7.85
8.	8.	8.	Elasticsearch	Search engine, Multi-model ℹ	156.00	-1.70	+1.29
9.	9.	↑ 10.	Microsoft Access	Relational	141.82	-1.62	+26.88
10.	10.	↓ 9.	SQLite 🔷	Relational	135.44	+0.70	+4.90

图 4-18　数据库受欢迎度排行

　　数据库中的每一条数据，都包含多个属性。比如，联系人的每条数据包含姓、名、Email、地址等元数据（见图 4-19），这些联系人的数据经过程序的调用和界面的渲染，最终在页面中以通讯录的形式呈现（见图 4-20）。信息的元数据不仅仅反映每条信息的属性，还可以用于数据的分类、排序以及检索的工具。比如"携程"中，用户可以通过受欢迎度、位置、价格等因素排列和检索酒店数据。

1	First	Last	Email	Position
2	Nicholas	Bailey	NicholasBailey@live.com	RW
3	Randy	Gomez	RandyGomez@yahoo.com	C
4	Heidi	Berry	HeidiBerry@live.com	D
5	Rick	Hill	RickHill@live.com	RW
6	Steve	Watts	SteveWatts@gmail.com	RW
7	Jodi	Gregory	JodiGregory@live.com	RW
8	Tami	Carr	TamiCarr@live.com	RW
9	Flora	Holmes	FloraHolmes@live.com	RW
10	Miguel	Miller	MiguelMiller@yahoo.com	D
11	Tonya	Daniel	TonyaDaniel@gmail.com	LW
12	Traci	Goodman	TraciGoodman@live.com	D
13	Dean	Myers	DeanMyers@live.com	C
14	Pamela	Lawrence	PamelaLawrence@live.com	RW
15	Claude	Gutierrez	ClaudeGutierrez@yahoo.com	RW
16	Ruby	Allison	RubyAllison@gmail.com	LW
17	Olivia	Riley	OliviaRiley@yahoo.com	RW
18	Gilberto	Torres	GilbertoTorres@yahoo.com	RW
19	Melanie	Love	MelanieLove@live.com	D
20	Jason	Patton	JasonPatton@yahoo.com	RW
21	Matthew	Cox	MatthewCox@gmail.com	LW
22	Kristopher	Parsons	KristopherParsons@yahoo.com	LW
23	John	Beck	JohnBeck@live.com	C
24	Delores	Dean	DeloresDean@yahoo.com	LW
25	Sonya	Franklin	SonyaFranklin@live.com	D
26	Kristin	Duncan	KristinDuncan@live.com	C

图 4-19　联系人数据库

图 4-20　Outlook 中的通讯录

（3）超文本

超文本是互联网的基础，实现了信息和信息的链接。超文本的结构非常灵活，但是缺少结构化的形象，难以给用户明确的心理模型，所以往往作为某种组织结构的补充。比如，很多网站除了主菜单外，还会增加诸如"登录""注册"等超文本的链接，不仅可以避免主菜单过于冗长的问题，也能够将类似功能隔离、突出显示，方便使用。

（4）大众分类

大众分类的形式出现于 Web 2.0 时期，用户除了作为产品内容的消费者，还成为内容的生产者，为网站提供诸如博客、微博、图片、视频等内容，同时还可以为这些内容添加公开的标签（见图 4-21、图 4-22）。这些标签形成了无形的网，将网站中的内容链接到一起，用户可"按图索骥"，从一个内容出发找到相关的其他信息。相较于网站管理者建立的"死板"的分类，大众分类的形式显然更灵活和开放。

图 4-21　Flickr 图片网站中用户定义的标签

图 4-22　Flickr 网站标签 Butterfly 相关的图片

（5）算法推荐

除了人工定义的分类或标签外，有些产品还使用人工智能对内容信息自动打"标签"。比如"抖音"通过算法分析每个视频的内容以及点赞、评论等互动数据，测算出和其他视频之间的关联性；同时还对每位用户的观看时长、完播率等互动数据进行分析，了解每个用户的兴趣。通过这种"无形的标签"，算法可以精准推荐用户喜好的视频内容。

（二）标签系统

标签（label）是界面中元素的名称。如图 4-23 所示，1、8 是菜单栏目名称；2 是按钮的名称；3、6 是页面中相应区域的标题；4、7 是链接名称，这些文案共同组成了当前页面的标签系统。标签系统的作用有如下几个方面。

（1）帮助用户了解产品。

（2）帮助建立流畅、直观的用户体验。

（3）通过产品引导用户。

（4）在出错时（或成功时）通知用户。

（5）向用户介绍新工具或新的产品内容。

（6）激励用户，安抚用户，有时候取悦用户。

图 4-23　"豆瓣"书影音页面上的标签

标签的命名属于用户体验文案写作中的一部分，遵循用户体验写作的基本原则。

1. 清晰、简洁、有用

（1）清晰

除了专业领域中的专业软件，普通产品中的标签应该让不同能力的用户都能够正常理解和使用。文案中要尽量少用计算机术语或专业用词。20 世纪 90 年代，个人电脑刚刚普及的时候，大部分软件还有着浓厚的工程师氛围。当产品出错时往往会跳出一个包含着奇怪字符串的错误提示窗口（见图 4-24），对普通用户来说，这种弹窗除了让他们更加沮丧之外没有任何的用处。

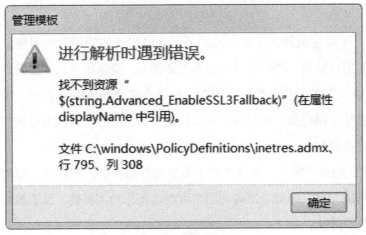

图 4-24　错误提示

设计文案的时候，要尽量使用普通用户看得懂的语言。比如，假设用户在登录的时候输入了错误的密码，文案不能这样写：

> **失败**
> 发生了一个验证错误
>
> 好的

这里面的"失败""验证"等词语都是程序员使用的术语，描述的情况和用户也不相关。将文案替换为如下这样就会好一些，用户更容易理解，知道是在什么情况下发生了什么样的错误。

> **登录错误**
> 你输入了一个错误的密码
>
> 好的

（2）简洁

数字产品一般都有明确的使用场景，标签出现的位置和时机也都会有一定的约束条件，因此一般不需要复杂的说明。此外，数字界面，尤其是移动设备上的空间有限，应该将更多的空间留给产品内容。因此，标签应该简明扼要，有效传达信息。

还是上面的例子，由于登录页面的上下文关系相对清晰，用户的任务也比较单一，因此可以用更简洁的语言来提示用户：

密码错误

好的

（3）有用

标签系统除了要帮助用户了解产品，还需要对用户的使用做出引导。因此写作标签的时候，要考虑用户是谁、用户的目的和需求是什么，帮助用户到达他们想去的地方。

上个案例中，文案已经非常简洁清晰，在登录这个环境中不会产生任何的歧义和误解，完全能够胜任错误提示。但是这个提示仅仅是指出问题，并没有给用户下一步的操作指引，因此可继续调整。

"再试一次"相对"确认"来说具有了明确的行动指引，告诉用户脱离当前问题的方法，是更好的解决方案。如果考虑有些用户可能已经忘记了密码，那么最好在后面加上一个"重设密码"的链接：

密码错误

重试　　重置密码

据此，我们就有了一个清晰、简洁又有用的错误提示。

2. 具备品牌个性

产品的文案，尤其是标签系统中的文案，是产品对用户说的话。普通的、单调的文案，会塑造一个平平无奇的产品形象；而个性化的、系统化的文案，不仅能够打造鲜明的产品形象，还能够增强用户的信任度和好感度。

3. 以用户测试作为标准

尽管用户体验写作经验能够帮助您制定高效的标签文案，但是如果您和您的团队对某些文案不确定，或者想知道修改某个文案的效果，可以用 A/B 测试的方法，通过点击率等用户数据分析不同版本的文案的优劣。比如，在 Android Pay 的案例中，团队通过 A/B

测试发现，将"添加卡片"替换为"马上开始"，点击率增长了 12%，这是相当显著的数据变化。

（三）导航系统

1. 信息觅食理论

"觅食"理论起源于 19 世纪 70 年代生物学家对动物觅食行为的分析。20 世纪 90 年代，Pirolli 在其著作 *Information Foraging Theory* 中正式提出了"信息觅食理论"，认为人类在信息搜寻时也有类似的"觅食"行为。在信息搜寻过程中，人们会不断评估所获得的信息收益及所付出的成本，决定留在当前信息斑块继续搜寻还是转向另一信息斑块，以实现最少的时间和花费成本获得最大的信息收益。信息觅食理论的基本模型主要有 Stephens 和 Krebs 给出的两个传统模型：斑块模型（Patch Models）和食谱模型（Diet Models）以及信息线索（Information Scent）理论，如图 4-25 所示。

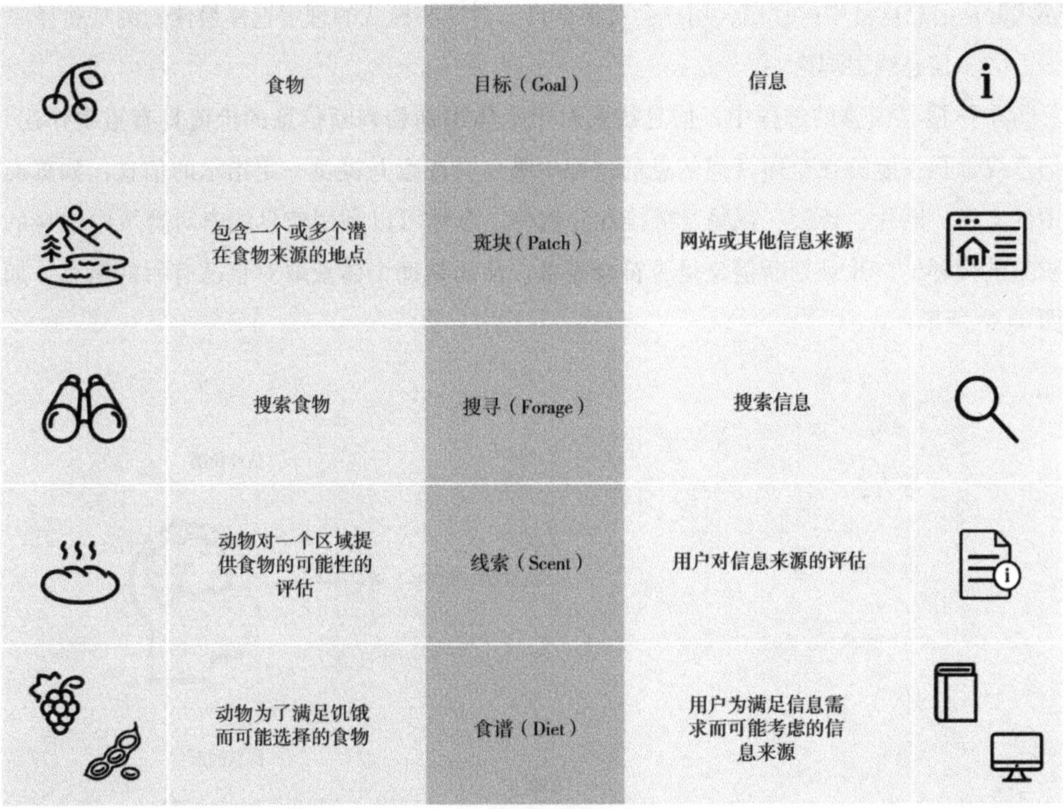

	食物	目标（Goal）	信息	
	包含一个或多个潜在食物来源的地点	斑块（Patch）	网站或其他信息来源	
	搜索食物	搜寻（Forage）	搜索信息	
	动物对一个区域提供食物的可能性的评估	线索（Scent）	用户对信息来源的评估	
	动物为了满足饥饿而可能选择的食物	食谱（Diet）	用户为满足信息需求而可能考虑的信息来源	

图 4-25　动物觅食和信息觅食

（1）斑块模型

"斑块模型"的假设是：将动物生存环境中各种食物资源划分为"斑块"形状，动物将会面临各种食物资源的分布不平衡和如何选择觅食斑块的情况；动物需要考虑两个问题，一是如何选择在不同的"斑块"中觅食的时间，二是怎样在合适的时间内结束当前"觅食斑块"的觅食，以便寻找新的"觅食斑块"。网站或应用程序中的每个栏目、页面都可以视为块状的信息；页面中的一个区域，或者图片、文字、音频、视频等资源也可以看作是一个斑块单元。

（2）食谱模型

"食谱模型"关注的是动物在面对不同环境时应该选择哪些食物资源作为觅食对象更合理、效率更佳，是用来解释动物如何选择觅食对象的理论模型。食谱模型假设觅食者对猎物和环境的知识了解得很充分，这些知识包括分布率、能量值和搜索处理所需的时间等，一旦遇到猎物，立刻就能用于实践。在网络信息环境中，信息用户同样会面临着时间、精力等资源的分配和选择问题，诸如菜单、网站地图、图片库等常见的、通用的设计模式就是信息觅食中的食谱，用户会对根据自己对这些模式的理解选择最佳的浏览路径。

（3）信息线索理论

个体搜寻信息的过程中，信息线索对于个体识别和判断信息的价值具有重要作用。信息线索是指能够在个体搜寻信息的过程中吸引其注意并提供一定指示的信息，如页面中的文字、图片、音频、视频、链接和导航等。个体可以利用信息线索对网页中信息的质量进行评估，并且判断信息是否符合需求，从而帮助个体获取对自己有用的信息，如图 4-26 所示。

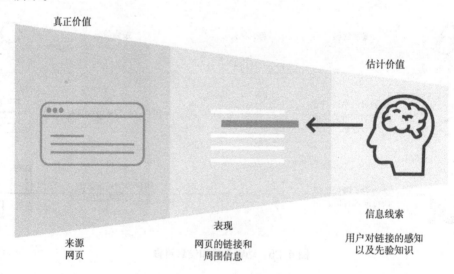

图 4-26　信息线索

根据信息觅食理论我们可得知，用户在获取信息的时候和动物觅食的过程相似，会根据一些线索去判断当前的信息区域值不值得阅读、值得花费多长时间阅读。因此，我们在设计数字产品尤其是数字产品的信息架构时，应该着重强化线索性信息，通过简明有效的文案和用户熟知的设计模式，帮助用户了解当前信息的价值，引导用户在产品中寻找有价值的信息。

2. 导航系统的种类

（1）浏览器

对网站来说，浏览器上内置的导航功能是网站导航的重要组成部分。目前主流的浏览器有 Chrome（见图 4-27）、Microsoft Edge、Safari 等，浏览器中一般会内置如下导航功能。

①站间导航：标签、地址栏、收藏夹、历史等。

②站内导航：后退、前进、刷新等。

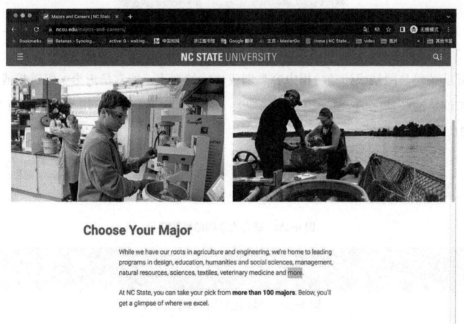

图 4-27　Chrome 浏览器

（2）移动系统

移动操作系统如 iOS 和 Android 中都内置了导航功能。在较新版本中，可以通过手势实现后退、前进以及返回应用程序列表等功能。例如，从边缘往右划（见图 4-28）便可返回到上一步。

图 4-28　Android 10 中的返回手势

（3）嵌入式导航

导航菜单是网站或移动应用内容类别或功能的列表，通常呈现为一组链接或图标，最常见的是网站顶部的导航条（见图 4-29、图 4-30）以及移动应用底部的选项卡（见图 4-31、图 4-32）。

图 4-29　耶鲁大学网站导航菜单

图 4-30　斯坦福大学网站导航菜单

图 4-31　Lyft 选项卡

图 4-32　Dropbox 选项卡

　　菜单的主要作用就是帮助用户浏览及找到目标信息，因此菜单最重要的属性就是可见性。不要在大屏幕上使用小菜单或菜单图标，只要有足够的空间，就不应该把菜单隐藏起来。设计的时候还应该将菜单放在熟悉的位置，比如屏幕顶部或侧边，会提升用户的效率。菜单应该具备链接或按钮的外观及交互特征，比如有链接的颜色，或者鼠标移动上去的时候会有变化。此外，菜单应该有足够的视觉分量。菜单的位置应相对独立，确保信息能够清晰地传递出来。

　　在设计菜单的时候，应该以用户为中心进行组织。

　　①使用可理解的链接标签。使用用户熟悉的类别标签，不要用行业术语或专有名词。

　　②菜单排版应当便于扫描浏览。比如，将标签项左对齐可明显提升浏览效率，如图 4-33 所示。

　　③大型网站的菜单可以显示多级的选项。多级菜单可以让用户直接浏览多个层级的内容，而不必依次点击查看，如图 4-34 所示。

　　④适当应用颜色、图形等辅助手段。通过视觉化语言可以帮助用户理解菜单内容，但注意不要让图像等元素干扰用户，如图 4-35 所示。

　　⑤菜单中的链接应当足够大，方便点击。太小或太靠近的链接会给用户带来麻烦，尤其是移动端的菜单，要考虑给每个链接留出足够的点击空间。

图 4-33　左对齐可以显著提升浏览效率

图 4-34　微软网站菜单同时展示一级、二级目录

图 4-35　Amazon 网站采用图片、文字配合的菜单

（4）网站地图

网站地图是在一个页面中将网站信息规律性组织陈列的形式，方便用户统一浏览和查找。对于大型网站来说，网站地图是导航菜单的有益的补充。网站地图可以按类别、字母排序等多种形式排列。

（四）搜索系统

搜索为用户提供了另一种寻找信息的方式。如果用户有明确的目标，希望能够快速、准确地获取某种信息，搜索会是他们主要的工具。当网站自身的内容非常丰富，单纯依靠导航系统无法将所有信息有效陈列的时候，搜索功能将会是站点导航的有益补充。但需要明确的是，搜索并不是万能的，没有经过仔细打磨的搜索功能，很可能给用户体验带来伤害。搜索功能的局限性体现在以下几个方面。

1. 用户需要有目标信息的知识基础

想要有效使用搜索，用户需要在搜索框中输入正确的关键字。在有些情况下这很容易，比如在"京东商城"中搜索"牛奶"，或者在"高德地图"中搜索"加油站"。但是当用户对目标领域不熟悉的时候，搜索就会很困难。比如高考完成后，想知道可以报考哪个学校的时候，单纯依靠搜索就很难完成。

为了尽可能提升用户搜索的效率和效果，在设计搜索功能的时候，可以通过一些提示或导航等功能，帮助用户理解目标信息。很多网站都在搜索结果列表中提供了"过滤"的功能，提取目标的元数据作为搜索结果分类、排序的依据（见图 4-36）。这种过滤功能将搜索转化为了导航，一定程度上解决了用户不熟悉目标信息的问题。

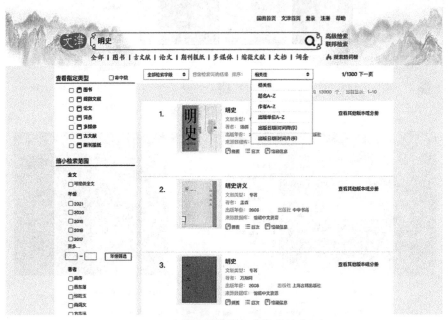

图 4-36　中国国家数字图书馆的搜索页面

2. 搜索增加用户的认知负荷

即便用户对目标信息很熟悉，搜索也需要他们从记忆中调取信息。在严肃应用中这并不是什么问题，比如科研工作者检索文献的时候，并不会有什么压力；但如果网站或产品是日常应用，尤其是娱乐性应用，用户可能不太喜欢任何需要思考的操作。这种情况下，可以给用户一些搜索的提示，减少用户的认知负荷。比如，网易云音乐（见图 4-37）和腾讯视频（见图 4-38）的搜索功能都提供了"热门搜索"的列表，告诉用户目前受欢迎的内容是什么，直接点击可以获取内容。

图 4-37　网易云音乐

图 4-38　腾讯视频

3. 搜索比浏览有更高的交互成本

一般情况下，搜索都需要用户输入文字，相对浏览来说更复杂。尤其是在移动设备上，打字更容易出错，也更耗费时间。为解决这个问题，一些产品利用大数据提供搜索建议的功能。搜索建议以用户的数据为基础，在一定程度上可以预测用户的需求，可以降低一部分人的交互成本。此外，随着人工智能、语音识别等技术的发展，一些产品允许用户用语音输入搜索，也是提升交互效率的一种方式，如图 4-39 所示。

图 4-39　京东和淘宝页面的搜索建议

4. 搜索效果不佳

您应该有这样的经验：您信心满满地在搜索框中输入了一个关键词，满以为会收获完美的搜索结果，但是搜索列表上的内容却让您一头雾水：您不知道这些结果为什么会出现在列表中，反正不是您所需要的内容。这种情况并不少见。首先，搜索算法会影响搜索的"查全率"和"查准率"。这会直接影响搜索效果。其次，用户的需求难以把握。用户有时候想看到包含搜索关键词的最新的内容；有时候想看到最受大家欢迎的内容；有时候则需要最权威的内容。最后，即便是搜索结果符合用户需求，但搜索结果页面的设计也会影响用户的用户体验。

比如，清华大学网站搜索"考试"，结果列表的首项是清华校友网中的一篇关于考试的老照片；而 MIT 网站的结果却是当前学期末考试的日程安排。显然 MIT 的搜索结果更符合用户的需求。

二、信息架构的设计原则

信息架构可以帮助我们组织内容，使其更容易理解、浏览，并完成功能。设计信息架构时，可参考丹·布朗提出的 8 个原则。

1. 对象原则

我们可以试着把内容看作活生生的对象，它有着自己的生命周期、行为和特征。像面向对象编程中的逻辑块一样，网站的内容应该具备一个一致的、能被识别的内部结构。在设计信息架构的时候，首先可以找到当前内容的通用的结构。比如，商业网站通常有产品类、服务类等。

以食谱网站为例。当我们说起"食谱"的时候，您可能马上会想到诸如用料、分量、步骤、时间、口味、菜系等相关的信息，这些信息可以被我们用作内容的分类、展示、相互连接的依据。比如，我们可以使用"肉、鱼、蛋、菜"等原材料作为菜谱的分类，也可以使用"酸、甜、辣"等口味分类。

"食谱"作为一个对象，具有可以预测的结构，能够为用户所理解，可以帮助我们建立网站内容的关系，如图 4-40 所示。

热门专题	菜式				
	家常菜 下酒菜	快手菜 小清新	下饭菜 创意菜	素菜	大鱼大肉
	特色食品				
	小吃 三明治 鸡蛋羹	酱 月饼	沙拉 蒸蛋	凉菜 寿司	零食 粽子
	特殊场合				
	早餐 深夜食堂	下午茶 情人节	便当 宵夜	圣诞节	年夜饭
	功效				
	减肥	美容	润肺抗燥	补血	清热祛火
	人群				
	儿童	婴幼儿	老人	孕产妇	宝宝食谱
	视频专题				
	味蕾工坊				

图 4-40 "下厨房"的热门食谱分类

2. 选择原则

只为用户提供有意义的选择。巴里·施瓦茨（Barry Schwartz）在《选择的悖论》中提出，更多的选择会让人们更难做出决定，因为更多的选择意味着更多的认知负荷，更多的负荷则意味着更多的焦虑。假如内容列表很长，可以试着将其分成几个小组，会减少用户选择的压力，如图 4-41 所示。

数码与电脑	电影、电视和音乐 >	电影、电视和音乐 ∨
平板	数码 >	家庭影院
笔记本电脑	电脑与办公 >	电视
乐器	电子游戏 >	乐器
家庭影院		数码 ∨
电视		电视
照相机		照相机
智能手机		智能手机
音频		音频
电脑配件		电脑与办公 ∨
屏幕		笔记本电脑
游戏		屏幕
软件		软件
手柄与方向盘		电脑配件
		电子游戏 ∨
		游戏
		手柄与方向盘

图 4-41　未分组的菜单项（左）；分组的菜单项（右）

3. 披露原则

设计应采用"渐进式披露"的原则，只给用户展示重要的信息，让用户自己决定是否要深入研究。

还是以食谱网站作为例子。我们不可能在网站的首页就将菜谱的所有内容都呈现出来；相反，可能只是展示出某些菜谱的名字或者图片——如果用户感兴趣，自然就会点击进去阅读更详细的内容。

4. 示例原则

仅仅通过文字描述并不能很好地解释分类，可以通过内容示例的形式解释这个类别中的内容。长期以来认知科学一直在研究人们如何对事物进行分类，心理学家发现，大脑中将信息的所有类别呈现为一个案例形成的网络。为了让用户理解某个信息类别的内容，最好的方法就是在类别名称旁边放上图片，以帮助用户直观了解该类别，如图 4-42 所示。

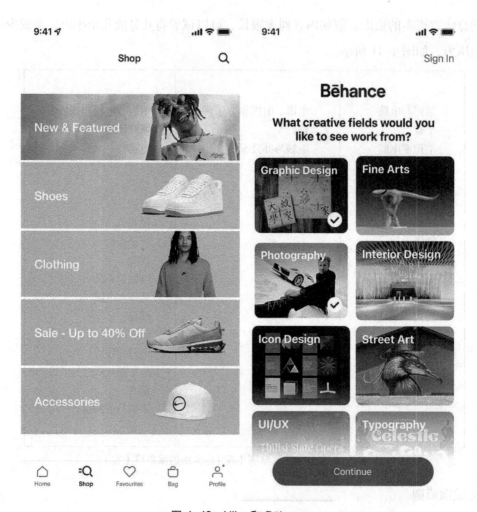

图 4-42　Nike 和 Bēhance

5. 前门原则

并不是每个访问者都从前门 —— 主页到达网站，研究发现即使是规模较大的网站，大部分的流量都是通过搜索引擎直接抵达某一个页面。因此在每一个页面上都要清晰标注当前的位置，帮助用户了解他们在哪里以及还能到哪里去。此外，产品的首页不必要事无巨细，将所有内容都堆积上去，只要提供良好的导航并且帮助用户理解产品即可。

6. 多重分类原则

人们有不同的看待信息的方式，我们的设计应该适应这一点。我们应该提供多种不同的分类系统来帮助人们寻找内容。例如，电商可提供品牌、价格、功能等不同的商品筛选和排序方式，帮助用户精准找到商品；但是不要过度，有太多的方案会让人不知所措。

7. 聚焦导航原则

制定一个系统性的导航方案，每一个导航菜单都应该聚焦于一个主题，不要随意将产品的所有内容都堆积到一个导航中。团队在设计的过程中，最好不要用位置命名菜单，如"顶部菜单""左侧菜单"等，可以尝试以"主题导航""面包屑导航""账户菜单"等以功能和主题来命名的菜单。这可以让团队形成共识，不会在一个菜单中添加无关的内容。

8. 增长原则

这是任何信息架构师都应该牢记的规则：产品中的内容量可能会随着时间的推移而增长。为导航和菜单预留出发展的空间，将会给未来的维护带来极大的方便。

三、信息架构方法

信息架构的设计方法主要是卡片分类法。卡片分类最初由心理学家开发，用于研究人们如何组织和分类知识。这种方法最初是由研究人员在卡片上写下代表概念（抽象或具体）的标签，然后要求参与者将卡片分类（排序）。在将卡片分成几类之后，参与者被要求给这些类别起一个名字或短语，以表明特定类别中的概念有哪些共同点。在信息技术领域，软件系统的信息架构师和开发人员面临的问题是如何组织信息和功能，以便于用户查找。卡片分类能够揭示用户的心智模型，了解用户对信息分类的预期，创建以用户为中心的信息架构。

卡片分类的步骤可参考第二章第二节中"用户研究方法"的"卡片分类法"部分。

四、信息架构的呈现

通过集体构思、卡片分类等方法，我们可以获得信息架构的基本雏形，此时可以通过树形结构的方法将信息架构视觉化呈现出来。Miro、Processon 以及等线上平台的思维导图功能，可以作为信息架构的视觉化工具。

第四节　线框图

线框图（见图4-43）是用线条、形状绘制数字产品页面的方法。线框图可以将页面布局、信息架构、用户流程等内容表现出来，是数字产品构思和设计的主要工具。

图 4-43　线框图

一、线框图的作用

（1）线框图建立页面的基本结构

线框图讨论页面上应该出现的内容以及内容在页面上的布局。线框图作为大纲，可以让团队尽早达成共识。

（2）线框图突出了产品的预期功能

绘制框架图时，要考虑页面中的元素如何为产品的主要功能服务。

（3）线框图帮助设计师节省大量时间和资源

无论用纸笔还是数字工具，线框图的绘制都很方便。

（4）表达难以用语言表述的想法

框架图能够直观地将设计思路呈现出来，提升了团队沟通的效率。

（5）促进以内容为优先的设计

框架图不涉及颜色、字体、装饰等视觉元素，只是从内容的优先级来考虑其在页面中的布局。因此以框架图作为设计的入口，能防止设计陷入"装饰"的陷阱，从内容优先的角度规划产品。

二、线框图的要素

1. 页面比例

如果产品是网站，页面比例一般为 4 ：3 或 16 ：9 ，如果是移动应用，页面比例则大致为 9 ：16。手绘框架图的页面比例无须非常精确，如果是用数字工具，可引用模板创作。

2. 导航和搜索

导航和搜索有助于引导用户使用产品。导航栏（主菜单）在网页和移动应用中有多种不同的形式，如水平的、垂直的、可隐藏的等，如图 4-44 所示。

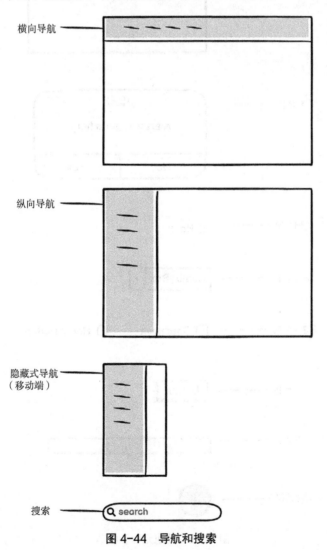

图 4-44　导航和搜索

3. 标题和正文

将标题、正文和图片等主要的元素布置在页面中。其中，标题可用较粗的线条表示，正文可使用较细的线条表示，图像一般用带 X 的矩形表示。

4. 其他细节

通常页面中还包含一些小的组件，如按钮、下拉菜单、复选框等。这些细节有助于表现产品的交互，如图 4-45 所示。

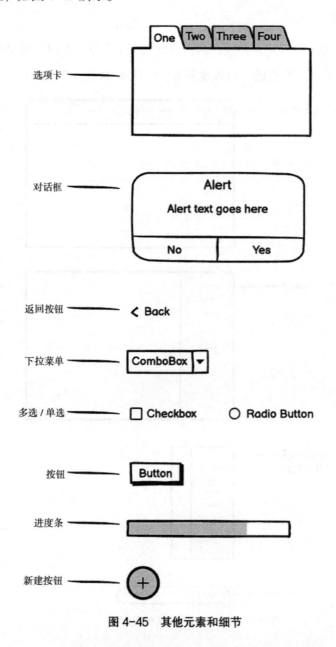

图 4-45　其他元素和细节

三、创建纸上线框图

纸上线框图具有快速、便宜的特点，能够帮助我们探索多种解决方案并最终聚焦于最优的方向。只要一张纸、一支笔，您就能够快速展开线框图的绘制。线框图不需要绘制得非常完美，只需要把您的想法清晰表达出来。绘制过程中不要满足于一个解决方案，尽量绘制多个不同的版本，有助于您发掘更多的好想法。

1. 绘制单页线框图

第 1 步：收集材料。

将所需材料集中在一处。

第 2 步：写下需要包含在线框中的元素清单。

根据页面的功能以及其在架构、流程中的位置和作用，思考本页面中所需的元素，如导航、搜索功能、购物车、图像和文本等，并将元素清单写下来。

第 3 步：创建不同版本的页面结构信息。

为本页面构思 5 种左右不同版本的线框图。版本数量越多，就越有可能挖掘到更多有用或有趣的构思。

第 4 步：选择元素。

通览所有的版本，选出每个线框图中有价值的元素。

第 5 步：将元素组合成一个线框图。

这个线框图将会集中所有版本中精彩的创意，成为当前的最佳方案。

2. 绘制整个产品的线框图

绘制整个产品的线框图和绘制单页线框图的方法基本一致，唯一不同的是您需要充分考虑页面和页面之间的关系。仔细分析信息架构和流程图，考虑好每个页面在用户使用流程中的作用，按照页面和页面之间的先后关系组织界面元素。

四、创建数字线框图

通过纸上线框图探索多种页面解决方案，充分与创作团队以及利益相关人讨论之后，您可以尝试将线框图制作成数字版本。相对于纸上线框图，数字版本的线框图更关注细节，可以把元素比例、文字内容清晰展示出来。比如，纸上线框图的标题可能是用一条横线表示的，但是在数字线框图中，我们就需要把具体的文案标注清楚。这个过程中，注意时刻参考我们之前在信息架构时所做的工作，它们能够给您很多帮助。

线框图所需功能相对简单，传统的设计软件如 Adobe Illustrator、Adobe Photoshop 以及 UI 设计软件 Sketch、Adobe XD 都可胜任。此外，近年来还出现了很多网络应用平台，通过登录网站就能执行设计功能，这其中比较出色的如 Figma、Master Go 等，这些平台在功能上快速迭代，能适应行业需求；一般也有相对成熟的社区和模板，能极大提升设计效率。最重要的是，这些平台便于协作或分享，更适合交互设计团队的工作模式，受到很多业内公司的欢迎。

无论您使用什么平台创建数字线框图，都应该确保如下内容。

（1）基于纸上线框图；

（2）包括产品的关键页面；

（3）要有比纸上线框图更多的细节；

（4）考虑每个页面上的信息层次结构；

（5）让用户知道他们可以在每个元素上做什么。

第五节　原型

原型是产品的早期模型，用于演示其形式和功能，可以向利益相关者和潜在用户展示设计思想。原型设计是以用户为中心的设计的重要组成部分。团队对产品有了基本构思之后，通过创建原型，可以获得用户的反馈，了解产品和用户需求之间的匹配程度，还可以尽早发现设计中的问题，在团队投入大量时间和金钱之前创建更完善的方案。

> "它们让我们放慢速度以加快前行。花费时间将我们的想法制作成原型，可避免昂贵的错误，也可以避免在错误的道路上越走越远。"
>
> ——蒂姆·布朗（IDEO 总裁）

一、原型的历史

原型不仅仅是一种设计方法和工具，也代表了软件开发的思路。下面列出了自 20 世纪 70 年代以来的软件开发的历史，您可以在这其中发现原型的发展路径。

1970 年，瀑布方法成为主流的软件开发方法。

1975 年，信息架构的重要性被行业认可。

1980 年，第一个类似流程图的基本数字原型出现了。

1985 年，纸上原型被用于可用性测试和概念展示。

1985 年，瀑布法被修改以纳入迭代和增量开发（IID）。

1986 年，第一个可视化和设计软件被开发出来，之后不久 Photoshop 等常用图形设计软件诞生，如：

1986 年，Adobe Illustrator。

1987 年，MS PowerPoint。

1990 年，Adobe Photoshop。

1992 年，MS Visio。

1988 年，软件开发的螺旋模型得到普及。

1991 年，IBM 引入了软件开发的快速应用程序开发（RAD）方法。

2000 年，原型软件应运而生，以满足日益增长的需求。

2000 年，Omnigraffle。

2003 年，Axure。

2001 年，"敏捷宣言"发布，催生了后来的敏捷用户体验运动。

2005 年，基于网络的原型服务更加常见，为后来集成协作和产品管理的低保真线框应用程序打开了大门。

2005 年，市场出现各类原型软件，如

2006 年，Gliffy。

2007 年，Jumpchart。

2008 年，Balsamig。

2008 年，Photoshare。

2008 年，Justinmind。

2006 年，牛仔编码（Cowboy coding）——一种相对自由的开发方法出现。这种方法通过谷歌的"20% 时间"政策得到普及，该政策允许程序员在一段时间内做任何他们想做的事情。

2008 年，初创企业之间激烈的竞争导致了精益用户体验运动。

2010 年，技术进步使高保真原型无须编码即可实现，出现诸多原型软件 / 平台如：

2011 年，UXPin（纸上、移动端、网页端）。

2011 年，InVision（移动端、网页端）。

2012 年，Flinto（移动端）。

2012 年，POP（纸上、移动端）。

2013 年，Marvel（移动端、网页端）。

二、原型的作用

原型是生成性的。原型的基本价值之一是它的生成性，这意味着当您在创建原型的过程中，您将产生数百个，甚至数千个想法。原型设计通常会带来创新，并大大节省时间、精力和成本。原型设计可以帮助您把想法从脑海中解放出来，变成更具体的东西——可以感觉、体验、感受和测试的东西。

1. 沟通与协作

产品团队有时候会用文档的形式沟通。文字表述的形式有自己的优点，但是在面对类似用户需求这种偏主观的问题时，效率就会降低。对团队成员来讲，一份几十页甚至上百页的文档会给他们很大的压力，再加上每个人对文档的理解能力和认识程度都不同，这就导致花费大量时间制作的需求文档往往无法顺利完成它的任务。

原型是系统的视觉表示和直观体验。通过原型可以让团队中的设计师、开发人员、用户研究人员以及其他利益相关者进行有效的沟通，从而提升协作效率。

Jonathan 在英国的一家咨询公司工作。早期，他的开发团队会定期收到一份 200 页的规范文档。后来，公司转向面向原型的开发流程，他们收到的不再是 200 页的文档，而是一个高保真原型和一份 16 页的补充性文档。他们发现，生产原型和 16 页补充文件所需的时间和精力不到 200 页规范文件所需的一半；通过原型，他们对开发的时间和成本的预估准确率提高了 50%；开发人员需要文档解释的请求减少了 80%。

2. 探索可行性

相对于实际的产品，原型的成本非常低——纸上原型的成本甚至可以忽略不计，这个特点使得团队在时间允许的情况下可以探索尽量多的解决方案。

几年前，一家欧洲豪华汽车公司计划将汽车和车钥匙变得更智能化，IDEO 参与了设计，他们想给该汽车公司展示他们的设计带给驾驶者的体验。首先，团队拍摄了一个人驾驶现有的一辆汽车的互动过程。然后结合简便的物理道具和一些简单的数字效果，剪辑模拟了未来仪表板的外观和功能，以及带有新的数字显示和交互的车钥匙。这个过程只花了一周的时间，很好地展示了创作团队的远景。展示过程中，汽车公司的一位高管说："我喜欢这个主意。"他指的不是新功能，而是测试它的过程。他说："上次我们做这样的事情，我们在仪表板上建立了一个完整的系统，花了好几个月的时间和将近一百万美元，才拍成一段视频。你们却跳过了车，直接去看视频。"

3. 推销您的想法

如果您与持怀疑态度的客户合作，原型可以起到很好的说服作用。它能够让客户感受到尽可能真实的体验，相对于冗长的文字或语言描述，原型更能证明你的愿景。IDEO有一个"波义耳定律"（以 IDEO 的一位原型设计大师 Dennis Boyle 的名字命名）：永远不要在没有原型的情况下参加会议。

4. 更早地测试可用性

原型的另一个重要的作用是可用性测试。通过用户测试原型，您能够在开发过程中更早地发现问题并修复它们，如果这些问题被遗留到开发之后，您会需要花费多倍的时间、成本去解决它们。如图 4-46 所示的 1-10-100 定律，通过低保真纸上原型可用性测试发现并避免一个错误的花费是 1 块钱；通过高保真原型发现错误并修正这个错误的花费是 10 块钱；而如果问题没有被解决，可能最终会导致 100 块钱的损失。还是前面我们提到的 Jonathan 的那个例子，在使用原型之后，他们产品发布后的返工和错误修复数量减少到以前类似项目的 25%。

1-10-100 规则：如何通过早期原型设计
预防代价高昂的错误

预防费用：1 美元　　　更正费用：10 美元　　　失败成本：100 美元
例如，评估可用性　　　例如，修复可用性错误　　例如，修复代码并丢失了
通过早期的论文　　　　通过可用性发现　　　　在最终产品中
原型　　　　　　　　使用高保真原型进行测试　错误产生的利益

图 4-46　1-10-100 定律

5. 平衡理想和现实

原型是概念成为现实的阶段，因此它需要创造性和实用性、理性和直觉的平衡。对于设计师来说，原型设计有三个主要好处。

（1）决策。有时候您需要在原型设计阶段一次性做出关于人体工程学、外观、功能、生产等事项的重要设计选择。一个好的原型会给您即时的反馈，辅助您做出一个明智的决定。

（2）专注。原型给您和团队实际的感官反馈，而不是简单地"猜测"最终产品的样子。当您能真正感受到用户体验的时候，才会注意到用户体验的重要性，这有助于团队将注意力集中到这上面。

（3）并行性。设计过程不必是单线程的。在原型制作过程中，收集反馈、设置需求和头脑风暴新概念都可以同时发生，它们可以相辅相成。

三、低保真和高保真

保真度是指原型中包含的外观和交互的详细程度。其中，复杂度比较低的称为低保真（low-fidelity），而复杂度较高、能够逼真表现产品外观的设计则为高保真（high-fidelity）。具体而言，保真度包含互动性、视觉效果、内容三个方面。

低保真设计图的优势是方便快捷，可以用纸笔快速生成，修改和迭代都能够在短时间内完成，一般用于构思和内部沟通。缺点是低保真原型缺乏真实感，用户可能做出不严谨的反馈。

高保真原型的优势是还原度高，可以最大可能表现产品的外观以及交互动画，常用于项目的展示。高保真原型能够较高还原度的展示产品，让用户获得真实的体验，以产生更准确的反馈；利益相关者也更容易评估产品，预测市场的接受度。高保真设计图的缺点是耗费时间长，需要用大量时间打磨产品的细节。一般需要搭配流程图、信息架构图等交付给开发工程师。

（一）低保真原型

1. 纸上原型

通过整个产品的线框图，你可以非常方便地制作产品的低保真原型。将绘制好的页面线框图摆放在一起，可以通过指点的形式，测试用户对页面上信息的理解能力。比如，您可以请测试参与者登录这个产品，看他是否能够找到登录的按钮，并顺利完成登录的流程，如图 4-47 所示。

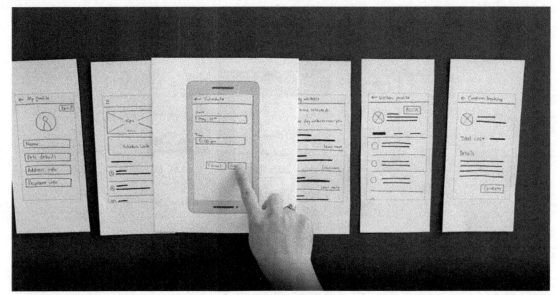

图 4-47　纸上原型

纸上原型的优势：

第一，纸上原型价格低廉，您只需要一支笔和一张纸即可完成。

第二，纸上原型允许快速迭代。您可以制作出许多不同想法的纸上原型，随时发现新的创意并绘制更新的原型。

第三，构建纸上原型的承诺度较低。高精度原型的制作需要一段时间，如果要完全废弃它们制作新的版本，可能会很痛苦。纸上原型制作方便，即便是推倒重来也不会有什么顾虑。

第四，纸上原型鼓励诚实的反馈。纸上的原型没有那么精致，这让您的队友和用户更容易批评他们，不会顾及您的努力而"口下留情"。

第五，构建纸上原型是一项协作活动。您团队的不同成员都可以参与进来，为产品的特定页面快速绘制自己的原型。

纸上原型也有一些缺点。纸上原型相对粗糙，对于测试的用户来说，这需要大量的想象力来构建真实产品的实际外观。纸上原型只能亲自测试。您需要把纸上的原型带到测试地点，一个人必须像计算机一样实时手动更改设计，并随时做好用户的测试记录。最后，纸上原型很难与远程团队一起创建。因此，纸上原型最适合创作者自己以及在创作团队内部使用。

如果您想借助智能手机，获得更逼真的使用流程的体验，可以尝试 Marvel 公司的 POP 软件，它可以拍摄纸上原型，并将其制作成可点击的原型，如图 4-48 所示。

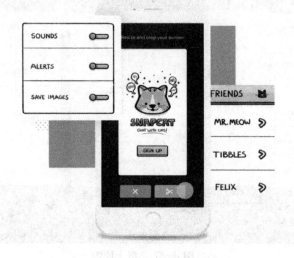

图 4-48　Marvel PoP 应用

2. 数字原型

简单地说，数字低保真模型是将数字线框图的各个页面添加上链接制作完成的。由于具备基本的交互功能，此类原型可专注于产品的交互设计，比如验证产品的信息架构和使用流程。Adobe XD、Figma 以及国内的 Mastergo 等平台都可以制作低保真原型。在制作原型之前，需要考虑如下三个问题。

（1）本产品中用户会经常用到的任务流程是什么？

（2）用户将与哪些按钮进行交互？他们将按什么顺序执行这些操作？

（3）用户点击按钮或者提交表单后会发生什么？

根据这些问题，您有可能需要补充一些线框图页面，保证关键的任务都能有完整的流程。设置链接的时候，需要注意每个页面都要有前进和后退的设置，给用户留出退出的机会。

（二）高保真原型

高保真原型是指能最大程度表现展示产品的功能、架构、流程及视觉界面的原型。高保真原型一般具备如下三个特征。

（1）几乎是最高精度的视觉界面。

（2）允许用户在终端（移动设备或桌面电脑）上自行操作。

（3）在互动时有动画效果。

高保真原型的制作一般是形成相对成熟的设计方案之后，通过原型制作软件将视觉设计稿添加上链接和动画，生成可交互的原型。诸如 Figma、Mastergo、Adobe XD、Sketch 等平台或软件，都可以制作简易的原型，可实现页面跳转、元素切换等基本的交互操作。专业的原型设计软件如 Protopie（见图 4-49）、Axure RP（见图 4-50）不仅在动画效果上更细腻，还可以通过诸如条件验证、数据读取等功能实现足以乱真的产品功能。

图 4-49　Protopie 制作的高保真原型

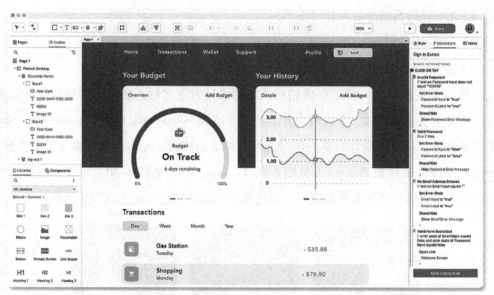

图 4-50　AxureRP

四、原型的设计原则

（一）了解您的受众和目标

这是原型制作过程中的第一个也是最关键的原则。您的受众和目标是原型设计的出发点，了解这些内容有助于您做出更具针对性的原型。如果受众是您自己或其他单个设计师，那么一个低保真纸上原型可能就够了；如果受众是程序员，那么可能需要一个可交互的低保真原型；如果受众是客户或者公司的高级管理人员，那么您可能需要一个高保真、能完美体现设计外观和体验的原型。

相似地，如果您的目标是自己和设计团队探索各种创意的可能性，完全可以用低保真纸上原型；如果目标是早期的可用性测试，就需要一个低保真的数字原型；如果您的目标是给客户展示方案，最好就准备一个高保真原型。

（二）关注用户流程和场景

无论保真度如何，原型都必须具有一定程度的功能性和交互性。记住您为谁设计，并考虑他们在什么情况下会做出什么事情。充分利用用户角色和用户故事，能够帮助您将注意力集中在用户流程上。

（三）不要害怕手绘

手绘是所有创意的起点。即使您没有学过专业的绘画，也完全不用担心，因为原型并不需要艺术化的表现。手绘的关键在于帮助您组织思想，并将抽象的想法变成具体的东西。因此，您的纸上原型只需要把想法表述清楚即可。当您需要更准确、更严谨的原型的时候，可以借助设计软件或平台工具。

（四）让用户参与

参与式设计是将用户加入到实际的设计过程中。这可以通过多种方式完成，包括可用性测试、头脑风暴会议、纸上原型等。参与式设计不是为了把设计完全交给用户，而是一种观察和协作。设计师要观察用户的创作过程，了解他们对产品的想法和需求。原型设计是很好的参与式设计的形式，让用户参与进来能够给您提供更广的设计视角。

（五）优化流程

曾经有人认为，一个网页与该站点上任何其他页面的点击次数不应超过 3 次，如果用户在点击 3 下后找不到他们想要的东西，他们很可能会感到沮丧并离开该网站。尽管后来各种研究证明，点击次数和用户能否找到目标信息没有直接的关系，但是保证流程尽量简单是用户体验设计的一个重要方面。除了点击次数，您还需要考虑如下两个问题。

（1）创建一个渐进和直观的任务路径（让用户感觉他们越来越接近他们正在寻找的内容）。

（2）使用标记良好的链接和按钮、错误消息或文案告诉用户他们在哪里、发生了什么是（而不是让他们猜测下一步可能会遇到什么）。

（六）不要忽视动画

动画等元素的设计可以被安排到设计流程的末端，但是不能被完全忽略。动画能够以一种迷人而愉悦的方式展示内容，是高保真原型的重要组成部分。如果您希望您的客户或公司的管理人员能顺利认可您的设计，动画可能是其中关键的一环。

（七）原型不必完美

原型只是对设计概念的探讨，它们在表现上可能并不完美，也不应该完美。原型就是试错的工具，只要满足设计目的即可，没必要把它们打磨到尽善尽美。比如，初期的内部讨论，手绘的线框原型就足够，后期与开发人员的沟通，一个可交互的数字原型即可。即便是给客户展示的方案，像我们提到过的 IDEO 的案例，通过剪辑手段制作一段演示视频也就够了。某些情况下，一个不完美的原型更容易获得反馈，也更容易迭代——如果您花了大力气去制作一个原型，那么后期很有可能不太愿意去修改它。

（八）只做您需要的部分

通常情况下，您构建的原型将是整个系统的一部分。如果您的最终目标是使用原型测试五六个场景，那么您只需要构建这五六个场景所需的东西。不用担心用户点击了您没有制作好的功能，一方面这不是您测试的目标，另一方面用户的点击也可以帮助您了解用户的期望。只制作您需要的部分，可以帮助您减少大量的时间和成本，也能够聚焦于当前设计的重点。

（九）尽早并经常制作原型

在传统的瀑布方法中，系统的所有特性和功能规划都在任何开发之前进行——这通常需要 6~9 个月的规划周期。在今天的软件行业，一个公司可以在 9 个月内创建、出售和倒闭，所以瀑布式的开发方法已经不适应当下的节奏。一个解决的方法是把产品分开，使用渐进、迭代和进化的方法，一次投入几个星期来研究一小组概念，看看它们是否可行。如果它们不起作用，造成的损害要小得多；如果它们确实有效，您会看到立竿见影的好处。这期间，这种小型的、可行性的产品（通常所说的 MVP）就承担了原型的作用。尽早并经常制作模型，能够提升公司的节奏，适应快速变化的市场需求。

参考文献

[1] HAYAKAWA S I, HAYAKAWA A R. Language in thought and action[M]. Houghton Mifflin Harcourt, 1990.

[2] DENTSU. Dentsu Ad Spend Report（Jan 2022）– F2[R/OL]. Dentsu, 2022. https://www.dentsu. com/uk/en/media–and–investors/dentsu–ad–spend–report–january– 2022.

[3] OSBORN A F. Applied Imagination; Principles and Procedures of Creative Problem– solving[M]. Scribner, 1963.

[4] IDEO. The IDEO Difference[M/OL]. 2002.

[5] MATTIMORE B W. Idea Stormers: How to Lead and Inspire Creative Breakthroughs[M]. John Wiley & Sons, 2012.

[6] BERGER W. The Secret Phrase Top Innovators Use[J/OL]. Harvard Business Review, 2012.

[7] PETER MORVILLE, LOUIS ROSENFELD. Web 信息架构（第 3 版）[M/OL]. 陈建勋，译. 北京：电子工业出版社，2008.

[8] PIROLLI P, CARD S. Information foraging.[J]. Psychological review, 1999, 106（4）: 643.

[9] 徐芳 , 孙建军 . 信息觅食理论与学科导航网站性能优化 [J]. 情报资料工作，2015（2）: 46–51.

[10] 刘晗 . 信息线索对消费者购买决策的影响研究 [D/OL]. 电子科技大学，2020.

[11] BROWN D. Eight principles of information architecture[J]. Bulletin of the American Society for Information Science and Technology, 2010, 36（6）: 30–34.

[12] TULLIS T, WOOD L. How many users are enough for a card–sorting study[C]//Proceedings UPA: 2004. Usability Professionals Association（UPA）Minneapolis（EUA）, 2004.

[13] EXPERIENCE W L in R B U. Card Sorting: How Many Users to Test[EB/OL]//Nielsen Norman Group. [2022–07–05].

[14] WARFEL T Z. Prototyping: A PractitionerZs Guide[M]. Rosenfeld Media, 2009.

[15] KELLEY T, KELLEY D. Why Designers Should Never Go to a Meeting Without a Prototype[J/OL]. Slate, 2013.[2022-07-15].

[16]Testing the Three-Click Rule[EB/OL]//UX Articles by UIE.（2003-04-16）[2022-07-15].